JN081091

［改訂新版］
Webエンジニアの教科書

The textbook of the web engineer

石橋尚武／田村崚／神山拓哉

C&R研究所

■権利について

- 本書に記述されている社名・製品名などは、一般に各社の商標または登録商標です。
- 本書では™、©、®は割愛しています。

■本書の内容について

- 本書は著者・編集者が実際に操作した結果を慎重に検討し、著述・編集しています。ただし、本書の記述内容に関わる運用結果にまつわるあらゆる損害・障害につきましては、責任を負いませんのであらかじめご了承ください。
- 本書は2023年3月現在の情報で記述しています。

●本書の内容についてのお問い合わせについて

　この度はC&R研究所の書籍をお買いあげいただきましてありがとうございます。本書の内容に関するお問い合わせは、「書名」「該当するページ番号」「返信先」を必ず明記の上、C&R研究所のホームページ(https://www.c-r.com/)の右上の「お問い合わせ」をクリックし、専用フォームからお送りいただくか、FAXまたは郵送で次の宛先までお送りください。お電話でのお問い合わせや本書の内容とは直接的に関係のない事柄に関するご質問にはお答えできませんので、あらかじめご了承ください。

〒950-3122 新潟県新潟市北区西名目所4083-6　　株式会社 C&R研究所　編集部
FAX 025-258-2801
『改訂新版 Webエンジニアの教科書』サポート係

# はじめに

　Webアプリケーションおよび、Webアプリケーションを作成するWebエンジニアという職業ができ数十年が立ちました。その中でより作られるWebアプリケーションは複雑化し、ユーザー数も非常に増えました。それに伴いWebエンジニアの需要も増え、経済産業省によると日本におけるIT人材の需要は2020年には129万人、2030年には164万人と予測されています。一方で、日本のIT人材は2021年時点では122万人といわれています。

　本書ではこれからより需要が増えてくるであろうIT人材の1つのWebエンジニアにこれからなろうと思っている方、Webエンジニアになって2 〜 3年目までの方向けに執筆いたしました。まずは広く現在の状況を知ることができ第一歩を踏み出していける糧となる1冊として手に取っていただければと思います。

　Webエンジニアの技術の流れは早いです。今回、改訂新版を執筆するにあたっても紹介する技術や構成なども最初から見直しました。本書の内容も、変化の早いWebエンジニアの世界では10年後にはそのまま適応できることは少ないでしょう。一方で、本書を通して学んだ基礎の知識や、本書をきっかけとしてより深く学んだ知識の地続きに10年後の技術も成り立っていると思います。

　また、エンジニアの職種もWebサービスの巨大化・複雑化に伴い分業化され、さまざまな専門性を持つ職種も次々と誕生しています。読者の方々も、Webエンジニアとしてのキャリアとして専門性をより深めていくこともあると思います。一方で、専門性を深める分野の深い理解と同様に、幅広くWebの技術を理解をしていくことも重要です。

　本書を通して、Webエンジニアの世界への一歩を楽しく踏み出していっていただければと思います。

2023年4月

著者

本書について

本書の構成

本書の構成は次の通りです。

- CHAPTER 01　Webエンジニアとは何か
- CHAPTER 02　開発環境の構築
- CHAPTER 03　データベース
- CHAPTER 04　バックエンド
- CHAPTER 05　フロントエンド
- CHAPTER 06　インフラストラクチャ
- CHAPTER 07　セキュリティ

　CHAPTER 02以降では、ハンズオンも含め、Webエンジニアとしてアプリケーションを作成するのに必要な情報をできるだけ広く紹介していきます。最初から通して読んでもよいですし、興味がある分野から読んでもよいでしょう。また、より深堀りして理解した技術は公式のドキュメントやその他の専門書も合わせて読むのもよいでしょう。

執筆時の動作確認環境について

本書は下記のような環境で執筆、動作確認を行っています。

- Windows 11 ／ macOS 13
- Ruby 3.0.3
- Ruby on Rails 6.1.7
- Node.js 18.12.1

◆ サンプルコードについて

　サンプルコードは著者のGitHubリポジトリからダウンロードできます（下記のURL参照）。

> **URL** https://github.com/web-enginner-textbook/
> second-edition-sample

◆ ソースコードの中の▼について

　本書に記載したサンプルプログラムは、誌面の都合上、1つのサンプルプログラムがページをまたがって記載されていることがあります。その場合は▼の記号で、1つのコードであることを表しています。

目次 contents

⬢ CHAPTER-03

データベース

⬢ CHAPTER-04

バックエンド

🟦 CHAPTER-05

フロントエンド

CHAPTER-06

インフラストラクチャ

● CHAPTER-07

セキュリティ

CHAPTER
01
Webエンジニアとは
何か

≫≫ 本章の概要

　本章では、まずはじめに「Webエンジニアとは何か?」「必要な技術は何か?」「キャリアの選択肢」などを体系的に整理しています。

Webエンジニアの定義

　本書のタイトルにもなっている、「Webエンジニア」とはどのようなエンジニアなのでしょうか。言葉から定義すると、「エンジニア」は、工学などに関する専門的な技術を持った技術者のことであり、「Webエンジニア」は「Web」に専門性を持った技術者のこととなります。本書では、「Web」の定義を「Webアプリケーション」とし、「Webアプリケーション」を開発・運用するために必要な技術について、広く扱うこととします。

Webアプリケーションを
開発・運用するために必要な技術

Webアプリケーションを開発・運用するためにはどのような技術・知識が必要なのでしょうか。一言でWebエンジニアといっても、業務領域や専門性は細分化されています。

- フロントエンドエンジニア
- バックエンドエンジニア
- インフラエンジニア
- フルスタックエンジニア　etc.

さらに、扱うプログラミング言語・フレームワーク・クラウド・サービスによって必要な知識は細分化されています。

● 業務領域での細分化

フロントエンド	バックエンド	インフラ
• HTML	• Ruby	• AWS
• CSS	• Go	• GCP
• JavaScript	• PHP	• OCI
• TypeScript	• JAVA	• Azure
• React・Vue	• Scala	• Docker
• npm・yarn	• Rails	• Terraform
⋮	⋮	⋮

● 必要な知識やツール

アーキテクチャ・デザパタ

- DDD
- オブジェクト指向
- TDD
  ⋮

周辺ツール

- GitHub
- Figma
- VS Code
  ⋮

　上記に挙げたようなWebアプリケーションの開発・運用に必要な技術はどんどん複雑化しています。すべての技術を深く理解し業務の中で完璧に活用することは難しいです。しかし、Webエンジニアとしてのキャリアを歩むにあたっては、いずれかの領域への専門性を持つこととその周辺領域への理解をすることは重要です。

1 Webエンジニアとは何か

Webエンジニアがやっていること

　Webエンジニアは普段、どんなことをやっているのでしょうか。Webアプリケーションの開発には要件定義や設計、開発、テストといったサービスのリリースや改善に関わる作業がメインとなります。しかし、それだけではありません。バグのないシステムはありえないので、何かエラーが発生すればその原因を突き止めるために調査をしたり、バグの修正をしたりします。また、サービスとして成長していくためにWebアプリケーションのKPIやその他の指標の測定のためにログを分析することもあるでしょう。新しい技術の導入のために技術調査をすることもあります。

- 要件定義
- 設計
- 開発
- テスト
- インフラ構築
- リリース
- エラーの原因調査
- バグ修正
- ログ分析
- 技術調査
- コードレビュー

　開発するWebアプリケーションの規模や所属するチームの方針に応じ、人によっては専業で開発する・QAする・インフラ構築する場合もあります。もちろんすべてを1人でこなす必要はなく、チームで分担が可能です。大規模なチームでは分業して担当していくことが多いですが、少人数のチームで仕事を進めていく上ではそうも行きません。各自がある程度、さまざまな作業をできる状態が望ましいこともあります。

必要とされる技術領域

シンプルなアプリケーションでは、フロントエンド、バックエンド、データベース、クラウドインフラの構成を取ることが最近では一般的なアーキテクチャの1つです。

●アプリケーションの構成

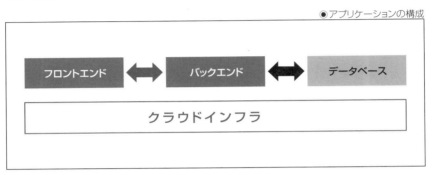

もちろん大規模や複雑なアプリケーションでは、上記以外にもログの集積基盤、検索基盤、負荷分散などアーキテクチャも複雑になります。運用するサービスの規模・目的によって取りうる選択肢はさまざまです。本書ではまずWebエンジニアとしての第一歩を踏み出すことを目的とし、データベースに格納されたデータを表示・操作できるシンプルなアプリケーションに必要な要素技術をできるだけ平易に説明します。

Webエンジニアとしてキャリア

本章の最後に、Webエンジニアとしてのキャリアについて紹介します。

一口にWebエンジニアといっても、中期的なキャリアは多様にあります。

- 専門的な分野に取り組み、その分野のエキスパートとなる
- 実際にコードを書くことに加えて、チームの価値を最大化するマネジメントとなる
- CTO/VPoEなどで、会社経営メンバーとなる

　上記に挙げた例も一部他にもさまざまな選択肢があるでしょう。中長期的にはさまざまな選択肢がありますが、どのキャリアでも技術の理解は必須です。長期的に技術のキャッチアップ、研鑽することも重要なので、楽しく技術に向き合っていくことが何よりも大事でしょう。

CHAPTER
02
開発環境の構築

>>> **本章の概要**

　プログラミングを学習したり、開発を行うためにはローカル開発環境を構築する必要があります。このとき、自身のコンピュータに直接プログラミング言語の環境やミドルウェアをインストールしてもよいのですが、仮想化技術を使った開発環境を構築して利用することが一般的です。

　仮想環境を採用することで自身の使っているコンピュータへ余計なソフトウェアをインストールする必要がなくなりますし、チームで開発者する際には環境を揃えることができます。

　ローカル開発環境を構築するためにはVirtualBoxやVMWareなどのソフトウェアを使って仮想マシンを立ち上げる方法と、Dockerによるコンテナ仮想化を使うケースが多いです。

　本書ではDockerを用いてハンズオンを実施するため、本章ではDockerの導入方法と基本的な使い方を説明していきます。

Dockerとは

Dockerは2013年にDocker社から公開されたコンテナ仮想化環境でアプリケーションを実行するためのオープンソースです。

● Dockerの公式サイト

URL https://www.docker.com/

Dockerではアプリケーションの実行に必要なファイルやディレクトリ群、ミドルウェアや環境変数などを丸ごと「コンテナ」としてまとめることができます。

「Dockerイメージ」さえ用意すればすぐに何度でも同じコンテナ環境を用意することができるため、誤って環境を壊してしまっても、壊れたコンテナを破棄して新しいコンテナを実行し直すことができます。これにより本来は検証の難しいフレームワークやミドルウェアのアップデートなども安全に行うことができます。

また、Dockerイメージを開発チームに共有することで、まったく同じコンテナ環境を使うことができるようになるため、個々のローカル環境の差異を気にすることなく開発を進めることができます。

Dockerには移植性が高い特徴があるため、Dockerがインストールされている環境であればローカルコンピュータだけでなく、サーバー上でも同じ環境を用意することができます。この特徴によりローカル開発環境、テスト環境、本番環境それぞれで同じ動作が実現できます。

これにより「ローカル開発環境やテスト環境では動いたが本番環境では動かない」といったリスクを減らすことができます。

コンテナ仮想化を含むインフラストラクチャの詳細についてはCHAPTER06で詳しく説明しますが、本章の時点では開発環境の準備が簡単になるプラットフォームだと覚えておけばよいでしょう。

SECTION-07

Docker環境の構築

　私たちが開発のために利用するコンピュータはWindowsやmacOSなどが主流です。しかし、DockerはLinuxカーネルの機能をベースにして作られているため、Linuxがインストールされている環境でしか動作させることができません。

　そこで内部的にLinuxディストリビューションを稼働させてWindowsやmacOSでもDockerを利用できるようにするツールとしてDocker Desktopが公開されています。Docker Desktopには利用条件が定められており、場合によっては有料サブスクリプション契約が必要となっています。しかし、簡単にDockerを実行する環境が構築できるため、入門者からベテランまで幅広く使われています。

　有料サブスクリプションの条件は『大企業（従業員が251人以上、または、年間収入が1000万米ドル以上）におけるDocker Desktopの商用利用時』となっています。

　条件を見てわかる通り、学習のためなどの非営利利用の場合であれば無料で利用できますし、営利目的の場合であっても条件を満たさなければサブスクリプション契約をせずとも利用できます。

●Dockerのキャラクター

2 開発環境の構築

23

🧊 WindowsにDocker Desktopをインストールする

　ここではWindows環境にDocker Desktopをインストールする方法を説明します。

　WindowsにはWSL2（Windows Subsystem for Linux）というLinux仮想マシンを快適に実行するための仕組みが用意されています。前述のようにDockerはLinuxカーネルの機能が使える環境を必要としますが、Docker Desktop for WindowsではWSL2で実行されたLinux仮想マシンを用いることでこの問題を解決します。

◆ WSL2のインストール

　Docker Desktop for Windowsを動作させるためにはWSL2が使える環境を用意する必要があります。

　まず、メニューバーのWindowsアイコンから検索タブに「OptionalFeatures」と入力して検索し、「OptionalFeatures」を管理者として実行します。

●OptionalFeaturesの実行

　Windowsの機能の中から「Hyper-V」をONにして有効化します。「OK」ボタンをクリックすると再起動が求められます。

●Hyper-Vの有効化

再起動後、「コマンドプロンプト」または「PowerShell」を管理者として実行します。次のコマンドを入力してLinux用WindowsサブシステムとUbuntuをインストールします。

```
>wsl --install
```

インストールが完了すると再び再起動が求められます。

●WSL2のインストール

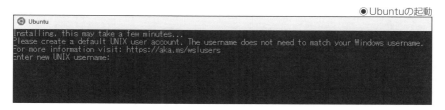

```
C:\Windows\System32>wsl --install
インストール中: Linux 用 Windows サブシステム
Linux 用 Windows サブシステム はインストールされました。
インストール中: Ubuntu
Ubuntu はインストールされました。
要求された操作は正常に終了しました。変更を有効にするには、システムを再起動する必要があります。
```

すでにLinux用Windowsサブシステムがインストール済みの場合には、Microsoft StoreからUbuntuをインストールしてください。

再起動が完了すると自動的にUbuntuが立ち上がります。初期設定としてUbuntuで利用するユーザーとパスワードを設定してください。

●Ubuntuの起動

```
Ubuntu
Installing, this may take a few minutes...
Please create a default UNIX user account. The username does not need to match your Windows username.
For more information visit: https://aka.ms/wslusers
Enter new UNIX username:
```

これでWSL2の準備が整いました。

2
開発環境の構築

COLUMN
Linuxの実行に失敗する場合

WSL2環境でLinux環境が正常に起動しなくなる場合があります。こ
こではWSL2環境がうまく立ち上がらなくなった場合の対策を記載して
おきます。

Linuxの立ち上げが失敗してしまう場合は、メニューバーのWindowsア
イコンから検索タブに「OptionalFeatures」と入力して検索し、「Optional
Features」を管理者として実行します。Windows機能の中から「Linux用
Windowsサブシステム」をOFFにして「OK」ボタンをクリックして再起動し
てください。

◉WSL2の実行に失敗したときの対策

再起動が完了したら、再びOptionalFeaturesを実行して「Linux用
Windowsサブシステム」をONにします。設定を反映するためにもう一
度、再起動してください。

その後、WSL2を立ち上げて正常にLinuxが実行できるか確認をして
ください。

◆ Docker Desktop for Windowsのインストール

WSL2の実行環境が整ったらDocker Desktop for Windowsのインストールを行います。

下記のURLから「Docker Desktop for Windows」をクリックしてしてインストーラーをダウンロードします。

● Install Docker Desktop on Windows

URL https://docs.docker.com/desktop/install/windows-install/

◉インストーラーのダウンロード

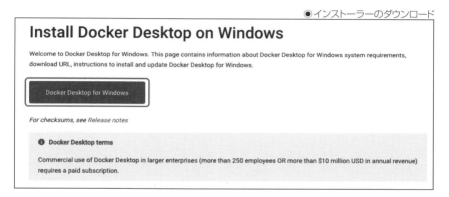

インストール時の設定で「Use WSL 2 instead of Hyper-V（recommended）」がONになっていることを確認してインストールを進めます。

◉インストール時のオプション

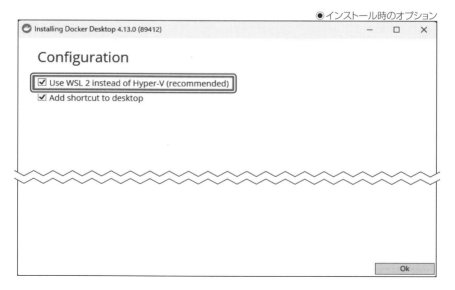

インストール完了後は再起動の必要があります。

●インストール完了画面

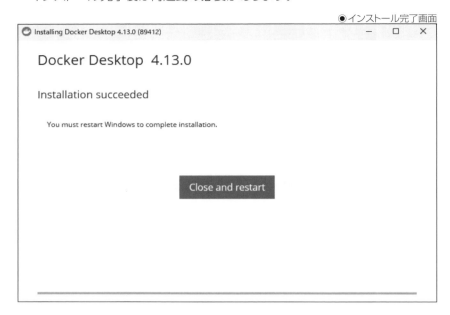

再起動後にDocker Desktop for Windowsが起動することを確認してください。下図の画面が出ていれば成功です。

●Docker Desktop for Windowsの実行画面

⬡ macOSにDocker Desktopをインストールする

macOSではパッケージ管理ツールである「Homebrew」を使って簡単にインストールできますが、今回はWindows環境のときと同様にGUIを使って公式ページからインストールしてみましょう。

下記のURLから「Docker Desktop for Mac with intel chip」または「Docker Desktop for Mac with Apple sillicon」からお使いの環境に合致するほうをクリックします。

- Install Docker Desktop on Mac

URL https://docs.docker.com/desktop/install/mac-install/

● インストーラーのダウンロード

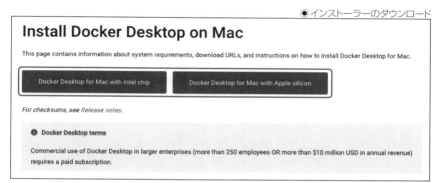

dmgファイルを展開したら、DockerのアイコンをApplicationsディレクトリにドラッグ&ドロップします。

● Dockerのインストール

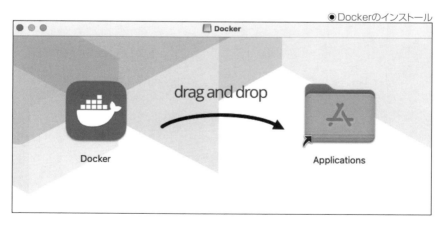

　Docker Desktop for Macのアプリケーションを実行して、下図の画面が表示されればmacOSでDocker環境を利用するための準備が完了です。

●Docker Desktop for Macの実行画面

Dockerの基本操作

　DockerからチュートリアルのDockerイメージが配布されているため、今回はそれを利用して基礎を学習します。Dockerの操作を一通り覚えるために、次の手順に従ってコマンドを実行してみましょう。

🔹 手順①―チュートリアル用のイメージをダウンロード

開発環境にDockerのチュートリアル用のイメージをダウンロードします。

```
bash# docker pull docker/getting-started
Using default tag: latest
latest: Pulling from docker/getting-started
...
Status: Downloaded newer image for docker/getting-started:latest
docker.io/docker/getting-started:latest
```

🔹 手順②―イメージ一覧の表示

　無事にダウンロードができたか確認するためにイメージ一覧を表示してみましょう。

```
bash# docker images
REPOSITORY               TAG       IMAGE ID        CREATED        SIZE
docker/getting-started   latest    157095baba98    6 months ago   27.4MB
```

🔹 手順③―コンテナの立ち上げ

　次のコマンドではDockerイメージを指定してコンテナを80番ポートで立ち上げます。なお、手順①と手順②を省略していきなりこのコマンドを実行しても問題ありません。

```
bash# docker run -dp 80:80 docker/getting-started
```

手順④―コンテナの実行の確認

コンテナが正常に実行されているか確認してみましょう。

```
bash# docker ps
CONTAINER ID    IMAGE                      COMMAND                    CREATED
STATUS          PORTS                      NAMES
a192db026b65    docker/getting-started     "/docker-entrypoint.…"     2
minutes ago     Up 2 minutes   0.0.0.0:80->80/tcp   jovial_roentgen
```

正常にコンテナが立ち上がっていることが確認できます。

このコンテナはWebサーバーを立ち上げているため、ブラウザで次のURL
を入力すると実際にアクセスできます。

```
http://0.0.0.0
```

●ブラウザ画面

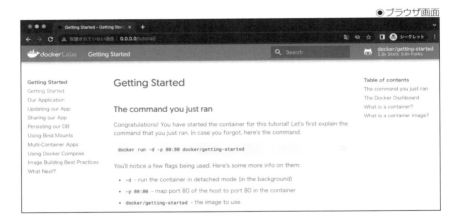

手順⑤―コンテナ内でのコマンドの実行

続いてコンテナの中でコマンドを実行してみます。実行中のコンテナ内で
コマンドを実行するためには `docker exec` コマンドを使います。次の例では
④で調べたコンテナID（本書の例では `a192db026b65` ）を指定して、コンテナ
内で `ls` コマンドを実行しています。

```
bash# docker exec -t a192db026b65 ls
bin                media              srv
dev                mnt                sys
docker-entrypoint.d  opt              tmp
docker-entrypoint.sh  proc            usr
etc                root               var
home               run
lib                sbin
```

`ls` コマンドの結果が返却されました。

応用となりますが、コンテナ内でshやbashなどを実行することで擬似的に
コンテナの中にログインして操作できます。

```
bash# docker exec -it a192db026b65 sh
/ # echo "Hello,Docker!"
Hello,Docker!
/ # exit
bash#
```

コンテナ内での操作を終了したい場合は `exit` コマンドか「Ctr」+「D」キー
を押すことで操作をやめることができます。

🔲 手順⑥─コンテナの停止

コンテナを停止したい場合には次のコマンドを実行します。

```
bash# docker stop a192db026b65
a192db026b65
```

`docker ps` コマンドでコンテナの一覧を確認してみましょう。

```
bash# docker ps
CONTAINER ID   IMAGE     COMMAND   CREATED   STATUS   PORTS   NAMES
```

起動しているコンテナが存在しないため、`docker ps` コマンドで先ほどのコ
ンテナが表示されなくなりました。

停止中のコンテナも確認したい場合は、`docker ps` コマンドに `-a` オプショ
ンを付けて実行します。

```
bash# docker ps -a
CONTAINER ID    IMAGE                      COMMAND              CREATED
STATUS                        PORTS        NAMES
a192db026b65    docker/getting-started     "/docker-entrypoint.…"    5
minutes ago    Exited (0) 42 seconds ago                   jovial_roentgen
```

停止済みのコンテナが確認できました。

手順⑦―停止済みのコンテナの起動

今度は停止済みのコンテナを指定して起動してみましょう。停止中のコンテナを動かすためには docker start コマンドを実行します。

```
bash# docker start a192db026b65
a192db026b65
```

正常に動作しているか docker ps コマンドで確認してみましょう。

```
bash# docker ps
CONTAINER ID    IMAGE                      COMMAND              CREATED
STATUS          PORTS              NAMES
a192db026b65    docker/getting-started     "/docker-entrypoint.…"    8
minutes ago    Up 1 second    0.0.0.0:80->80/tcp    jovial_roentgen
```

手順⑧―コンテナの停止(「docker kill」コマンド)

コンテナを停止させるコマンドは docker stop コマンドだけではありません。次のコマンドを実行してみてください。

```
bash# docker kill a192db026b65
a192db026b65
```

docker kill コマンドでもコンテナを停止させることができました。docker stop コマンドと docker kill コマンドはどちらもコンテナを停止させる操作ですが、docker kill コマンドではプロセスを強制的に終了させています。

🔹 手順⑨―停止しているコンテナや不要なDockerイメージの削除

停止したコンテナや不要になったDockerイメージは蓄積するとストレージ
を圧迫してしまいます。そこで定期的に次のコマンドを実行して、停止された
不要なコンテナや使わなくなったイメージを掃除しましょう。

```
bash# docker system prune
WARNING! This will remove:
  - all stopped containers
  - all networks not used by at least one container
  - all dangling images
  - all dangling build cache

Are you sure you want to continue? [y/N] y
...
Total reclaimed space: 8.96GB
```

これで停止しているコンテナや不要なDockerイメージを削除できました。

🔹 本節のまとめ

すでに公開されているDockerイメージを利用するだけであれば、ここで例
に挙げたコマンドだけでもある程度の操作が可能です。しかし、Dockerを使
うために自分でDockerイメージを作成したり、既存のイメージをカスタマイ
ズしたくなることがあります。

次節ではDockerイメージの作成について触れていきます。

1

2
3
開発環境の構築
4
5
6
7

35

Dockerイメージの作成

　Dockerでイメージを作成する方法は主に2つあります。

　最もよく使われる方法が `Dockerfile` と呼ばれるDockerイメージの設計図を作成して、`docker build` コマンドでイメージを作成する方法です。この方法ではDockerイメージの構成が文字ベースで管理されるため、ソフトウェアの構成やバージョン管理がしやすくなります。

　2つ目の方法は起動しているコンテナからイメージを作成する方法です。すでに起動しているコンテナ内でアプリケーションの設定を変更したりソフトウェアをインストールしても、コンテナが終了するとコンテナレイヤーが破棄されてしまい変更が保存されません。

　そこでコンテナの設定を変更した後に `docker commit` コマンドを行うことで、コンテナの変更を反映した新しいイメージとして出力できます。

　実際にそれぞれの方法でDockerイメージを作成してみましょう。

●イメージの作成

Dockerfileから作成

docker buildで
イメージ生成

Dockerfile → イメージの作成

コミットで作成

docker commitで
イメージ生成

イメージ → コンテナを実行 → コンテナの編集 → イメージの作成

◆ Dockerfileでイメージを作成する

Dockerfile とはコンテナで動作させるOSの設定やアプリケーションの構成情報を記述したファイルです。DockerではこのファイルからDockerイメージを作成できます。一度、Dockerfile を用意しておけば、Dockerが使える環境であればいつでも同じコンテナ環境を作成できるようになります。

実際に Dockerfile を作成してDockerイメージを作成してみましょう。次の手順で作業用のディレクトリを作成し、Dockerfile を作成します。

```
# 作業ディレクトリの作成
bash# mkdir docker-sample

# 作業ディレクトリへ移動
bash# cd docker-sample

# Dockerfileの作成
bash# vi Dockerfile
```

Dockerfile には次のように記述して保存してください。

SAMPLE CODE Dockerfile

```
# Dockerfile
# ベースとなるイメージ
FROM ubuntu:22.10

# Nginxをインストールするコマンド
RUN apt update
RUN apt install -y nginx

# コンテナがリッスンするポート番号
EXPOSE 80

# 実行するコマンド
CMD nginx -g 'daemon off;'
```

この Dockerfile はシンプルなWebサーバーを実行するためのDockerイメージを作成します。ベースとなるLinuxディストリビューションはUbuntu 22.10です。

この Dockerfile からイメージを作成してみましょう。

```
# docker build -t [イメージ名]:[タグ] [Dockerfileのパス]
bash# docker build -t sample-nginx:latest .
```

ビルドが成功してイメージができているか確認をしてみましょう。

```
bash# docker images
REPOSITORY              TAG       IMAGE ID       CREATED          SIZE
sample-nginx    latest    a80c46fb3240   13 seconds ago   27.4MB
```

先ほど指定したイメージ名とタグでDockerイメージが作成されていることが確認できました。

このDockerイメージから実際にコンテナを立ち上げて動作を確認してみます。

```
bash# docker run -dp 80:80 sample-nginx:latest
```

このコマンドではホストOSの80番ポートからのアクセスをコンテナの80番ポートへ割り当てながらコンテナを起動しています。

ブラウザから次のURLへアクセスしてNginxのウェルカムページが表示されることを確認しましょう。

```
http://0.0.0.0
```

◉Nginxのページ

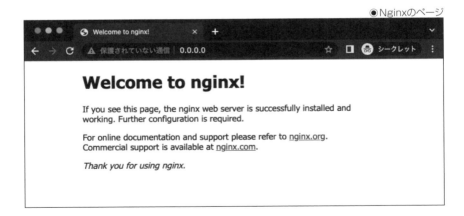

Dockerfile から作成したNginxを起動するイメージが正常に動作していることが確認できました。

一般的にDockerを利用する場合には Dockerfile を記述してコンテナ環境を構築することになります。ここでは簡単な操作の紹介にとどめますが、興味があればいろいろな Dockerfile を書いてみるのもよいでしょう。

🪨 コミットでイメージを作成する

docker commit コマンドを使うことで、すでに実行中のコンテナからDockerイメージを作成できます。

実際に docker commit コマンドを使って、先ほど Dockerfile で作成したものと同様のイメージを作ってみましょう。ベースとなるUbuntu22のコンテナを実行します。

```
bash# docker run -itd ubuntu:22.10
```

docker ps コマンドでコンテナIDを確認します（本書の例では e6dc28cfac 4b ）。

```
bash# docker ps
CONTAINER ID    IMAGE          COMMAND     CREATED         STATUS
PORTS       NAMES
e6dc28cfac4b    ubuntu:22.10   "bash"      3 seconds ago   Up 2 seconds
intelligent_chatelet
```

コンテナ内にアクセスします。以前は docker exec コマンドを使いましたが、docker attach コマンドを使ってもコンテナの内部にアクセスできます。

```
bash# docker attach e6dc28cfac4b
```

コンテナ内でNginxをインストールします。

```
root@e6dc28cfac4b:/# apt update && apt install -y nginx
```

インストール後に「Ctrl」+「p」キーを押した後に続けて「Ctrl」+「q」キーを押してコンテナ操作から抜けます。

先ほどNginxをインストールしたコンテナから `docker commit` を使って Dockerイメージを作成します。このコマンドでは対象のコンテナが起動状態 になっている必要があるため、間違えてコンテナを停止させないように注意し ましょう。

```
bash# docker commit -c "CMD nginx -g 'daemon off;'" -c "EXPOSE 80"
e6dc28cfac4b sample-nginx:latest
```

目的のDockerイメージが作成できました。

```
bash# docker images
REPOSITORY      TAG        IMAGE ID       CREATED         SIZE
sample-nginx    latest01   db42dbb3f635   3 seconds ago   178MB
```

`Dockerfile` を使ったイメージ作成では再現性のある環境構築が可能で、ミ ドルウェアのバージョン管理も厳密に行うことができます。基本的には `Docker file` からイメージをビルドして使うことをおすすめします。

しかし、`Dockerfile` の内容次第ではビルドに時間のかかる場合がありま す。 `docker commit` を使ったイメージ作成では編集したい内容によっては大 して時間がかからないため、既存イメージのちょっとした修正や検証などに向 いています。

COLUMN
よくあるDockerエラーの対処法

　エラーに対しては自身で原因を調査して対応することが望ましいのですが、本書の例で起こり得るエラーを2つ取り上げて対策を紹介します。

▶ Is the docker daemon running?

　「Is the docker daemon running?」のエラーメッセージはDockerコマンドを実行するときに表示される場合があります。Dockerデーモンが起動していないため、コマンドを実行できないエラーです。Docker DesktopがRunning状態になっていることを確認して、再度、試しください。

▶ Bind for 0.0.0.0:80 failed: port is already allocated.

　「Bind for 0.0.0.0:80 failed: port is already allocated.」のエラーメッセージはコンテナを実行するときに発生する場合があります。コンテナで利用しようとしたポート番号がすでに別のプロセスによって使われていることによるエラーです。使いたいポート番号を占有しているプロセスを突き止めて停止させるか、コンテナ環境で使うポート番号を変更することで回避します。

複数のコンテナを管理する方法

　先ほどまでDockerによるコンテナ仮想化技術を使うことで、簡単にアプリケーションの実行環境が作成できることをお話ししました。
実際にアプリケーションを実行する場合には、アプリケーションだけではなくWebサーバーやデータベース、キャッシュサーバーなどのミドルウェアをあわせて扱うことが一般的です。

　これらのミドルウェアをそれぞれコンテナ化して1つずつ実行してもよいのですが、Dockerには一度に複数のコンテナを定義して管理できる便利なツールが用意されています。本節では、複数のコンテナを管理できるdocker-composeというツールについて学習します。

🧊 docker-composeとは

　docker-composeは複数のコンテナを一度に管理できるツールです。複数のコンテナを同時に実行するだけでなく、コンテナ間の通信を簡単に設定することやデータの永続化などの設定も簡単に行うことができます。これらのコンテナの設定にはYAML形式で書かれたComposeファイルを使います。

　Composeファイルさえ用意しておけば、1回のコマンドだけでアプリケーションを実行するための複雑な環境が用意できるようになるため、非常に便利です。

　本節では実際にdocker-composeを使った簡単なアプリケーション実行環境を構築してみましょう。

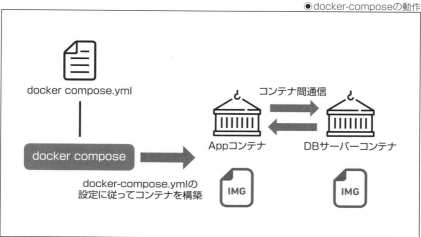

● docker-composeの動作

🔷 docker-composeによるWebサービスの実行

　ここでは実際にdocker-composeを使ってMySQLとWordPressのコンテナを実行しながら基本的な操作について学習しましょう。

　docker-composeはDocker Desktopをインストールしていれば使うことができるようになっています。

◆ docker-composeの作成

　次の手順で作業用のディレクトリを作成し、`Dockerfile` を作成します。

```
# 作業ディレクトリの作成
bash# mkdir compose-sample01

# 作業ディレクトリへ移動
bash# cd compose-sample01

# composeファイルの作成
bash# vi docker-compose.yml
```

docker-compose.yml には次のように記述します。

SAMPLE CODE docker-compose.yml

```
# docker-compose.yml
version: '3'

services:
  mysql:
    image: mysql:5.7
    platform: linux/x86_64
    ports:
      - "3306:3306"
    environment:
      MYSQL_ROOT_PASSWORD: root
      MYSQL_DATABASE: wordpress
      MYSQL_USER: wordpress
      MYSQL_PASSWORD: password

  wordpress:
    image: wordpress:latest
    platform: linux/x86_64
    ports:
      - "80:80"
    environment:
      WORDPRESS_DB_HOST: mysql:3306
      WORDPRESS_DB_USER: wordpress
      WORDPRESS_DB_PASSWORD: password
    depends_on:
      - mysql
```

なお、Apple Siliconを搭載したMacなどのARMアーキテクチャを採用している場合には platform: linux/x86_64 の部分を platform: linux/amd64 に書き換えてから保存してください。

◆ docker-composeからコンテナの実行

先ほど作成した `docker-compose.yml` を使ってコンテナの起動から削除までの基本的なコマンドを学習していきましょう。

`docker-compose.yml` からコンテナを実行するためには次のコマンドを使います。

`docker-compose up` コマンドでコンテナの立ち上げます。

```
bash# docker-compose up -d
```

オプションで付けている `-d` はコンテナをバックグラウンドで実行するためのオプションです。このオプションを付けない場合は、フォアグラウンドでコンテナが実行されるため、標準出力されるログを見ることができます。

この状態で `docker ps` を実行するとコンテナが2つ立ち上がっていることがわかります。

```
bash# docker ps
CONTAINER ID   IMAGE              COMMAND                CREATED
STATUS         PORTS                                     NAMES
df2732e080ea   wordpress:latest   "docker-entrypoint.s…"  2 days ago
Up 15 seconds  0.0.0.0:80->80/tcp                        desktop_wordpress_1
343e25847b12   mysql:5.7          "docker-entrypoint.s…"  2 days ago
Up 15 seconds  0.0.0.0:3306->3306/tcp, 33060/tcp  desktop_mysql_1
```

実際にブラウザから次のURLにアクセスしてWordPressが実行されていることを確認してみましょう。

```
http://0.0.0.0
```

2
開発環境の構築

45

● WordPressの実行

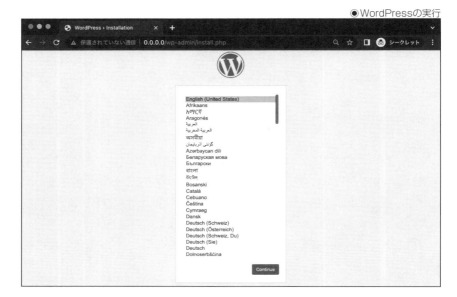

WordPressのインストール画面が表示されていれば成功です。

docker-composeで立ち上げたコンテナを一時的に停止させたい場合には `stop` コマンドを実行します。

```
bash# docker-compose stop
```

停止させたコンテナを起動させたい場合には `start` コマンドを実行します。

```
bash# docker-compose start
```

コンテナの再起動をする場合には `restart` コマンドを実行します。

```
bash# docker-compose restart
```

コンテナを削除したい場合には `down` コマンドを実行します。このコマンドを実行すると `up` コマンドで作成したコンテナ、ネットワーク、ボリューム、イメージが削除されます。

```
bash# docker-compose down
```

　先ほどのComposeファイルではボリュームを永続化していないため、コンテナを削除すると次回コンテナを実行し直したときにアプリケーションやデータベースの情報が初期化されてしまいます。

　コンテナ内のデータを保持したい場合については次項で説明します。

🧊 コンテナボリュームの永続化

　コンテナのデータを保持したい場合にはVolumeという機能を使います。Volumeはデータ保持のために設計された機能で、コンテナが削除されても自動的にボリュームを削除することはありません。このボリュームはコンテナ間で共有・再利用が可能なため、何度コンテナを作り直しても以前のデータを引き継ぐことができます。

　実際に `docker-compose.yml` を書き換えてデータが永続的に保持されることを確認してみましょう。Composeファイルを次のように書き換えてみてください。

SAMPLE CODE docker-compose.yml

```
# docker-compose.yml
version: '3'

services:
  mysql:
    image: mysql:5.7
    platform: linux/x86_64
    ports:
      - "3306:3306"
    # db_dataというボリュームをマウント
    volumes:
      - db_data:/var/lib/mysql
    environment:
      MYSQL_ROOT_PASSWORD: root
      MYSQL_DATABASE: wordpress
      MYSQL_USER: wordpress
      MYSQL_PASSWORD: password

  wordpress:
    image: wordpress:latest
    platform: linux/x86_64
    ports:
```

▼

```
     - "80:80"
    environment:
      WORDPRESS_DB_HOST: mysql:3306
      WORDPRESS_DB_USER: wordpress
      WORDPRESS_DB_PASSWORD: password
    depends_on:
     - mysql
# db_dataという名前付きボリュームを作成
volumes:
    db_data:
```

この `docker-compose.yml` を使ってコンテナを立ち上げるとMySQLの内容が保存されるようになります。実際にコンテナを立ち上げてWordPressのセットアップをしてみましょう。

セットアップが完了した後にコンテナを削除しても、新たに立ち上げたコンテナが情報を引き継いでいることが確認できるはずです。

Volume設定ではローカルファイルへのパスも指定できます。ローカル開発ではよく使う設定なので覚えておくとよいでしょう。

● Dockerfileの指定

先ほど使用していた `docker-compose.yml` ではすでに公開されているDockerイメージを使用していましたが、今度は自身で用意した `Dockerfile` を使ってコンテナを実行してみましょう。

新しい作業ディレクトリを作成して実際に `Dockerfile` を使ったコンテナの実行を試してみましょう。

まず作業ディレクトリを作成します。

```
# 作業ディレクトリの作成
bash# mkdir compose-sample02

# 作業ディレクトリへ移動
bash# cd compose-sample02
```

次に `Dockerfile` を用意します。

```
bash# vi Dockerfile
```

　Dockerfileでは先ほどまで使っていたWordPressのイメージをベースにして、Vimエディタをインストールしてみましょう。次の内容を記載して保存してください。

SAMPLE CODE Dockerfile

```
# Dockerfile
FROM wordpress:latest
RUN apt-get update && apt-get install -y vim
```

続いて `docker-compose.yml` ファイルを作成します。

```
bash# vi docker-compose.yml
```

`docker-compose.yml` には次のように記載してください。

SAMPLE CODE docker-compose.yml

```
version: '3'

services:
  mysql:
    image: mysql:5.7
    platform: linux/x86_64
    ports:
      - "3306:3306"
    volumes:
      - db_data:/var/lib/mysql
    environment:
      MYSQL_ROOT_PASSWORD: root
      MYSQL_DATABASE: wordpress
      MYSQL_USER: wordpress
      MYSQL_PASSWORD: password

  wordpress:
    # Dockerfileからビルドして実行
    build: .
    platform: linux/x86_64
    ports:
      - "80:80"
    environment:
      WORDPRESS_DB_HOST: mysql:3306
      WORDPRESS_DB_USER: wordpress
```

▼

```
        WORDPRESS_DB_PASSWORD: password                    ▼
      depends_on:
        - mysql
  volumes:
    db_data:
```

Dockerfile からイメージをビルドします。

```
bash# docker-compose build
```

このコマンドを実行すると、docker-compose.yml に記載されている Docker file を一括でビルドしてDockerイメージを作成します。ただしビルド時にはキャッシュが優先して使われるため、Dockerfile に手を加えた場合には --no-cache オプションを付ける必要があります。

次は docker-compose up でコンテナを立ち上げてみましょう。

```
bash# docker-compose up -d
```

docker-compose up を実行する際に --build オプションを付けることで、ビルドの実行とコンテナの起動を同時に行うこともできます。覚えておくと便利でしょう。

コンテナが起動したらブラウザからWordPressが開けることを確認しておきましょう。

今回はDockerfileでコンテナ内にVimエディタをインストールするように設定しているので、きちんとインストールされているかも確認してみます。

```
# vimがインストールされているか確認
bash# docker exec <WordPressのコンテナID> which vim
/usr/bin/vim
```

問題なくVimエディタがインストールされていることがわかります。

このように Dockerfile を指定してdocker-composeを使うことで、カスタマイズされたDockerイメージも扱うことができます。

本章のまとめ

　Dockerを活用することで簡単に検証用の環境を構築できます。docker-composeを使えば複数のコンテナを簡単に管理できるようになります。

　本書では以降の章でDockerを使った動作確認も行うので時々振り返って確認してみましょう。

CHAPTER
03
データベース

本章の概要

　本章では、Webアプリケーション開発でほぼ確実に利用するであろうデータベースについて説明をしていきます。

SECTION-12

データベースの種類

データベースとは、Webアプリケーションの中で扱うデータを登録・検索・更新・削除しやすい形に格納する仕組みです。

一言にデータベースといってもさまざまな種類が存在します。それぞれのデータベースによって得意としていることが異なっており、作りたいアプリケーションによって正しい選定するのがよいでしょう。

●データベースの種類

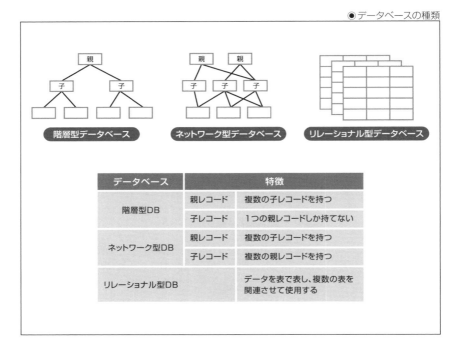

本書では、各データベースの詳細な特徴や比較は割愛します。Webアプリケーションで利用されることが多いMySQLとRedisの2つのデータベースにフォーカスし、環境構築から実際の操作を見ていきます。他にもどのようなデータベースがあるかを知りたい方は、DB-ENGINESなどで公開されているデータベースランキングを見てみるとよいでしょう。

- DB-ENGINES

  URL https://db-engines.com/en/ranking

MySQL

　MySQLはRelational Database(RDB)と呼ばれるデータベースの中でメジャーなデータベースの1つです。RDBとは、データを格納するテーブルという表形式を持ち、テーブル同士の複数のデータを紐付けることを可能にしているデータベースです。

● SQL

　MySQLを利用する上で欠かせないのが、SQLというデータベース言語です。SQLはRDBにおいて、データの操作やデータ構造の定義の言語となります。名前にもある通りですが、MySQLの他のRDBであるSQLite、PostgreSQLでも利用されています。利用するデータベースによってSQLの文法の違いはありますが、似ている部分も多いため1つのSQL使えるようになると他のSQLもスムーズに習得可能でしょう。

　SQLを用いて扱うデータの種類を定義したり、登録・更新したり、どのデータにアクセスするかを制御します。SQLは、大きく3種類に分類が可能です。

- データ定義言語
- データ操作言語
- データ制御言語

　それぞれの種別についてより詳細に見ていきましょう。

◆ データ定義言語

　データ定義言語はDDL(Data Definition Language)の訳であり、RDBで扱うデータ構造や、オブジェクトのリレーションを定義するために用いられます。

```
CREATE    # データベースやテーブルなどの作成を行う
ALTER     # データベースやテーブルなどの作成を行う
DROP      # データベースやテーブルを削除する
TRUNCATE  # テーブルの中のデータを削除する
```

◆ データ操作言語

データ操作言語はDML（Data Manipulation Language）の訳であり、データベースに登録されたデータを扱うのに用いられます。

```
SELECT # データを検索する
INSERT # データを挿入する
UPDATE # データを更新する
DELETE # データを削除する
```

◆ データ制御言語

データ制御言語はDCL（Data Control Language）の訳であり、データへのアクセスを制御する構文です。

```
GRANT  # ユーザーにデータへのアクセス権を付与する
REVOKE # ユーザーのデータへのアクセス権を削除する
```

上記の2つのようにユーザー単位でのデータへのアクセスを制御する構文に加えて、クエリベースでのデータへの書き込みを取りまとめて制御して、関連したデータの更新を一貫性をもって更新することを可能にします。

```
BEGIN    # トランザクションを開始する
COMMIT   # トランザクションを終了し変更を確定
ROLLBACK # トランザクション内の変更を取り消す
```

🧊 MySQLの環境構築

まずは自身のPCにMySQLの環境を構築しましょう。今回はDockerを用いてMySQLの実行環境を実行していきます。MySQLサーバーのDockerイメージはDocker Hubで配布されています。

- mysql - official Image | Docker Hub
  URL https://hub.docker.com/_/mysql

今回は執筆時の最新のMySQLのバージョン（8.0.30）を利用します。

```
# DockerHumよりMySQLの最新のイメージをpullします。
$ docker pull mysql

# pullしたイメージを元に、MySQLの初期パスワードを設定し、起動します。
$ docker run -it --name web-engineer-book-sample-mysql -e MYSQL_ROOT_
PASSWORD=password -d mysql

# 起動したMySQLへログインし、MySQLのコンソールへログイン
$ docker exec -it web-engineer-book-sample-mysql bash -p
✗ 1
bash-4.4# mysql -u root -p
Enter password:
Welcome to the MySQL monitor.  Commands end with ; or \g.
Your MySQL connection id is 8
Server version: 8.0.30 MySQL Community Server - GPL

Copyright (c) 2000, 2022, Oracle and/or its affiliates.

Oracle is a registered trademark of Oracle Corporation and/or its
affiliates. Other names may be trademarks of their respective
owners.

Type 'help;' or '\h' for help. Type '\c' to clear the current input
statement.

mysql>
```

これでMySQLの実行環境の準備ができました。

🔷 MySQLの基本操作方法

　次に、MySQL にデータベース、テーブルを登録してデータを操作していきましょう。操作のサンプルとして、TODO管理をするためのデータベースを例に考えていきます。まずはデータベースを操作する前に、作りたいデータベースを定義していきます。

- タスクを登録し、そのタスクを完了できること。
- タスクをカテゴリーに登録してグルーピングできること。

　この2つの要件を満たすデータベース構造を考えます。

　まずは、データベースの名前を決めます。ここでは、`todo_application` としましょう。このデータベースの中に、各テーブルを作っていきます。要件を満たすには、タスクのテーブルと、タスクをグルーピングするテーブルが必要です。

　テーブル設計については本書では深くは触れませんが、データベースではテーブル設計は非常に重要です。本書や本章を読み終えた後により深く学びたい方は詳細を解説している書籍などを参考に勉強してみるとよいでしょう。

●作成するテーブルの概要

テーブル：todo tasks

カラム名	説明	型	その他
id	ID	bigint	Auto increment / not null
content	タスク名	Varchar(255)	Not null
Category id	カテゴリーテーブルのID	bigint	

テーブル：categories

カラム名	説明	型	その他
id	ID	bigint	Auto increment / not null
name	タスク名	Varchar(255)	Not null

◆ データの定義

　それでは実際に、SQLを用いてデータベースを操作していきましょう。

　まずはデータベースを作成し、そのデータベースを確認します。データベースが作成できたらそのデータベースを利用し、テーブルを作成します。

```
# todo_applicationというデータベースを作成する
mysql> create database todo_application;
Query OK, 1 row affected (0.01 sec)


# 上記コマンドでデータベースができたことを確認する
mysql> show databases;
+--------------------+
| Database           |
+--------------------+
| information_schema |
| mysql              |
| performance_schema |
| sys                |
| todo_application   |
+--------------------+
5 rows in set (0.04 sec)

# 作成したデータベースをこれから利用する
mysql> use todo_application
Database changed

# categories / todo_tasks の2つのテーブルを作成する
mysql> CREATE TABLE `categories` (
`id` bigint(20) NOT NULL AUTO_INCREMENT,
`name` varchar(255) NOT NULL,
PRIMARY KEY (`id`)
);

mysql> CREATE TABLE `todo_tasks` (
`id` bigint(20) NOT NULL AUTO_INCREMENT,
`content` varchar(255) NOT NULL,
`category_id` bigint(20),
PRIMARY KEY (`id`)
);
```

これでデータを入れる箱ができたので、次はデータを作成していきます。

```
# カテゴリーに「WORK」「PRIVATE」という2つのカテゴリーを作成する
mysql> INSERT INTO `categories` (`name`)
VALUES
    ('WORK'),   ('PRIVATE');

# 投入したデータを確認する
mysql> select * from categories;
+----+---------+
| id | name    |
+----+---------+
|  1 | WORK    |
|  2 | PRIVATE |
+----+---------+
2 rows in set (0.00 sec)

# categoriesの中でWORKというnameを持つレコードを取得
mysql> select id from categories where name = 'WORK';
mysql> select id from categories where name = 'WORK';
+----+
| id |
+----+
|  1 |
+----+
1 row in set (0.00 sec)
```

　このように categories の中に、WORK／PRIVATEというデータが投入
されました。それぞれ下記の構文になります。

INSERT INTO テーブル名 (カラム名1, カラム名2, ...) VALUES (カラム名1のデータ,
カラム名2のデータ, ...), (カラム名1のデータ, カラム名2のデータ, ...), ...;

SELECT カラム名(全カラム取得は*) from テーブル名 (where カラム名 = '検索条件');

　AUTO_INCREMENT で指定しているIDには自動的に連番が投入されるため
データの投入時には指定していませんが、IDにそれぞれ連番が入っているの
がわかります。
　次に todo_tasks の中にも同様にデータを投入します。

```
mysql> INSERT INTO `todo_tasks` (`category_id`, `content`) VALUES (1,
'WORK_TASK_1'), (2, 'PRIVATE_TASK_1'), (1, 'WORK_TASK_2');
mysql> select * from todo_tasks;
+----+----------------+-------------+
| id | content        | category_id |
+----+----------------+-------------+
|  1 | WORK_TASK_1    |           1 |
|  2 | PRIVATE_TASK_1 |           2 |
|  3 | WORK_TASK_2    |           1 |
+----+----------------+-------------+
3 rows in set (0.00 sec)
```

　次にRDBの特徴として挙げた、それぞれのテーブルが関連を持った状態で
データ取得しましょう。

```
SELECT テーブル名.カラム名(全カラム取得は*) from テーブル名
INNER JOIN 結合するテーブル名 on テーブル名.カラム名 = 結合するテーブル名.カ
ラム名;
```

　上記の構文が結合してデータを取得するための構文です。前述した SELECT
文を拡張する形となります。結合の種類には LEFT JOIN 、RIGHT JOIN など、
他の結合方式もありますが、本書では割愛します。

```
# todo_tasksのカテゴリーに何のカテゴリー名が紐付いているかを取得する
mysql> SELECT todo_tasks.*, categories.* from todo_tasks INNER JOIN
categories ON todo_tasks.category_id = categories.id;
+----+----------------+-------------+----+---------+
| id | content        | category_id | id | name    |
+----+----------------+-------------+----+---------+
|  1 | WORK_TASK_1    |           1 |  1 | WORK    |
|  2 | PRIVATE_TASK_1 |           2 |  2 | PRIVATE |
|  3 | WORK_TASK_2    |           1 |  1 | WORK    |
+----+----------------+-------------+----+---------+
3 rows in set (0.00 sec)
```

　次にタスクの中身の編集・削除します。

```
UPDATE テーブル名 set カラム名 = '変更後の値' where 条件
DELETE from テーブル名 where 条件
```

```
# WORK_TASK_2をWORK_TAKS_3に変更する
mysql> UPDATE todo_tasks set content = 'WORK_TASK_3' where content =
'WORK_TASK_2';
Query OK, 1 row affected (0.02 sec)
Rows matched: 1  Changed: 1  Warnings: 0

# 変更の反映を確認する
mysql> select * from todo_tasks;
+----+---------------+-------------+
| id | content       | category_id |
+----+---------------+-------------+
|  1 | WORK_TASK_1   |           1 |
|  2 | PRIVATE_TASK_1 |          2 |
|  3 | WORK_TASK_3   |           1 |
+----+---------------+-------------+
3 rows in set (0.00 sec)
# id3のWORK_TASK_2がWORK_TASK_3へと変わったのがわかる

# IDが3のレコードを削除する
mysql> delete from todo_tasks where id = 3;
Query OK, 1 row affected (0.00 sec)

# 変更の反映を確認する
mysql> select * from todo_tasks;
+----+---------------+-------------+
| id | content       | category_id |
+----+---------------+-------------+
|  1 | WORK_TASK_1   |           1 |
|  2 | PRIVATE_TASK_1 |          2 |
+----+---------------+-------------+
2 rows in set (0.00 sec)
# レコードが削除されているのが確認できる
```

　ここではMySQLの実行環境の構築と簡単なSQLによるデータ操作しました。実際のWebアプリケーションの作成時にはこのように直接SQLを書くことは少なくフレームワークの機能でデータベースでのデータの操作をプログラムによって書くことが可能です。

　また、実際に運用しているデータベースに直接アクセスしてSQLを発行することはミスなどによるデータの改ざんやデータの消失を招きかねないため、ほとんどの場合は行いません。ただし、上記のSQLによるデータ操作を理解しておくことは非常に重要です。

　本書ではMySQLの機能のほんの一部のみしか紹介していませんが、MySQLにはさまざまな機能があるので、学習が進んだ際にはドキュメントやMySQLについての書籍を読んでみることをおすすめいたします。

SECTION-14

Redis

次に、Redisについて紹介していきます。Redisは「REmote DIctionary Server」の略であり、Key-Value型のデータベースとなります。NoSQLデータベースとなり、MySQLで利用したSQLを持たない言語となります。特徴としてはインメモリベースのデータベースとなり、すべてのデータをメモリ上に載せ動きます。

Key-Value型のデータベースの中でもRedisは比較的柔軟なデータ構造を持ちます。下記にデータ構造を載せています。

●Redisのデータ構造

データタイプ	説明
Strings	テキスト、シリアライズされたオブジェクト、バイナリ配列などのバイト列
Lists	ソートされた文字列のリスト
Sets	ユニークな順不同の文字列の集合
Hashes	フィールドと値をペアにした集合
Sorted Sets	順序を持ったSet
Streams	ログのように動作するメッセージキュー
Geospatial indexes	経度/緯度ベースのデータ構造
Bitmaps	文字列に対してビットレベルの演算が可能なデータ構造
Bitfields	複数のカウンターを効率的に文字列の値にエンコードするためのデータ構造
HyperLogLogs	大規模な要素から確率的に推定が可能なデータ構造

より詳細な使い方や特徴に関してはRedisの公式ドキュメント（下記URL）のデータ構造のページを見るとよいでしょう。

● Redis data types

URL https://redis.io/docs/data-types/

🌀 Redisの環境構築

MySQLと同様にDockerを使った環境構築していきます。MySQLと同様の手順で立ち上げたら、`redis-cli` でRedisのサーバーへとログインします。

```
$ docker pull redis
$ docker run -it --name web-engineer-book-sample-redis -d redis
$ docker exec -it web-engineer-book-sample-redis bash -p
bash-4.4# redis-cli
127.0.0.1:6379>
```

64

🔷 Reidsの基本操作方法

　Redisはシンプルな操作が可能です。Key-Value型と呼ばれるように、キーに対してデータを格納し、取得していきます。

　では格納・取得・削除の具体的な機能を見ていきます。

```
root@6c6da6a2a1b3:/data# redis-cli
# mykeyというkeyに、somevalueというvalueを格納する
127.0.0.1:6379> set mykey somevalue
OK

# mykeyというkeyに何のvalueが格納されているかを取得する
127.0.0.1:6379> get mykey
"somevalue"

# mykeyというkyeに、somevalue2というvalueを格納し直す
127.0.0.1:6379> set mykey somevalue2
OK

# mykeyの中のデータがsomevalue2に書き換わっているのがわかる
127.0.0.1:6379> get mykey
"somevalue2"

# mykeyに格納されているデータを削除する
127.0.0.1:6379> del mykey
(integer) 1

# 削除されているのが確認できた
127.0.0.1:6379> get mykey
(nil)
```

　Valueには他にもさまざまなデータ構造を格納が可能です。一方でMySQLなどとは異なりそれぞれのデータの関係をデータベースとしては表現することが難しいです。Redisはその特性を活かして、Webアプリケーションで扱うデータの格納先に用いられる以外にも、キャッシュの格納先などに利用されることもしばしばあります。

どのデータベースを使うか

本章ではMySQLとRedisを使い方を交えて紹介しました。

あくまでも一例になりますが、TODOアプリなどのアプリケーションで扱うデータの格納先には各データの関係性を簡単に表現できるため、MySQLなどのRDBMを利用することが多いでしょう。

一方でキャッシュや履歴保存などを行う場合はRedisなどのKeyValue型のデータベースを利用することが多いでしょう。

ただし、どちらの用途でもどちらのDBを利用は可能ですし、まずアプリケーションの開発として一歩として始めるにはRDBMを利用するところから始めてみるのがよいでしょう。一定の知識を経た後では、アプリケーションの特性に応じて適切な選択ができるようにさまざまなデータベースの特徴を理解しておくことが重要です。

CHAPTER
04
バックエンド

▶▶▶ 本章の概要

　本章では、バックエンドはサーバー上で動くアプリケーション
と定義します。サーバー上で実行できる言語は複数あり、言語
は好みや性能特性により使い分けられていますが、本章では筆
者が使っているRubyを例に挙げながらバックエンドの説明して
いきます。

　また、言語だけでなく、フロントエンドや外部からのリクエスト
をどうやって処理していくのか、どんなアーキテクチャがあるの
か、というような基礎的なことを実装前に知っておくことも大切
だと考えるため、本章は次のような構成しました。

　まず、Webにおいて重要な通信プロトコルであるHTTP、Web
を支えてきたアーキテクチャであるREST、アプリケーション開発
の基本であるMVCなどの基礎的な知識を紹介します。

　その後、Railsを使って簡単なREST APIの実装をすることで
開発を体験してもらい、最後にIDLや認証、認可など今後の勉強
の足がかりになるようなことを紹介していきます

HTTP

Webにおいて最も重要な基礎の1つがHTTPです。HTTPはHyperText Transfer Protocolの略称であり、もともとはHTMLなどのHyperTextのやり取りを目的に作られた通信プロトコルです。

昨今ではHyperTextのやり取りにとどまらず、さまざまなファイルのやり取りに使われるプロトコルであり、画像、動画、音声やJavaScriptファイルまでもがHTTPでやり取りされています。現代のwebを支えるプロトコルといっても過言ではないでしょう。

●HTTPのやり取り

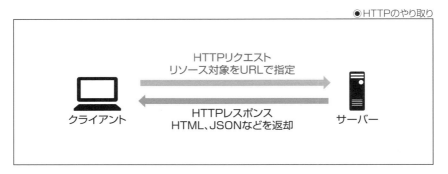

HTTPの仕組み

HTTPの仕組みはいたってシンプルです。やり取りの基本はクライアントがリクエストメッセージを使って情報を要求し、サーバーがレスポンスメッセージを使って応答します。

それ以外の特徴として、ステートレスなことが挙げられます。これはサーバーが前後のリクエスト情報を保持しないようにすることです。たとえば、東京の天気をリクエストしたとします。次のリクエストで「前と同じもの」と要求してもサーバーはそれを理解できません。ステートレスなやり取りでは、1リクエストで要求を完結させる必要があります。今回の例でいえば2回目のリクエストでも「東京の天気」とする必要があります。

冗長的な気もしますが、過去のリクエスト情報を保持しておく必要がないので、プログラムをシンプルに保つことができます。

　ちなみにCookieなどの機能を使うことで部分的にステートフルなやり取り
もできます。たとえば、ログイン情報を持つCookieをブラウザに埋め込むこ
とで、メールやパスワードを何度も入力せずにログイン状態を維持できます。
部分的にステートフルな実装をすることで、より良いユーザー体験の提供が
可能になります。

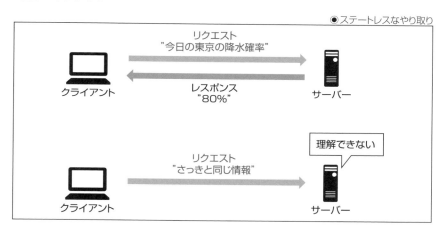

●ステートレスなやり取り

　以降はHTTPがやり取りする内容について解説していきますが、その前に
実際にどんなやり取りが行われるか体験してみましょう。

　ターミナルで次のコマンドを実行してみてください。ちなみにここで使って
いる `curl` コマンドは簡単にデータの通信ができるコマンドです。ちょっとした
通信を試したい場合によく使われます。今回は `https://httpbin.org` という
パブリックなAPIに対してリクエストを投げています。

```
$ curl GET "https://httpbin.org/get" -H "accept: application/json" \
    --verbose --http1.1
```

　コマンドを実行すると、次のような通信のやり取りが出力されます。 `>` が
先頭に付いているものはリクエストの情報を表し、`<` が付いているものはレス
ポンスの情報を表します。以降はリクエスト、レスポンスのそれぞれに設定さ
れている値について順を追って解説していきます。

今回の `curl` コマンドでは普通のHTTPとは異なるHTTPSという方式で通信しています。HTTPSは通信の際に内容を暗号化したり、証明書を利用することで改ざんや盗聴、なりすましされるリスクを減らすことができるセキュアな通信なのですが、理解を簡単にするために説明の対象はHTTPに限定します。

```
...

> GET /get HTTP/1.1
> Host: httpbin.org
> User-Agent: curl/7.79.1
> accept: application/json

...

< HTTP/1.1 200 OK
< Date: Mon, 28 Nov 2022 13:53:07 GMT
< Content-Type: application/json
< Content-Length: 269
< Connection: keep-alive
< Server: gunicorn/19.9.0
< Access-Control-Allow-Origin: *
< Access-Control-Allow-Credentials: true
<
```

● HTTPリクエスト

クライアントはサーバーへリクエストを送るために次のようなリクエストメッセージを作成します。

```
GET /get HTTP/1.1
Host: httpbin.org
User-Agent: curl/7.79.1
accept: application/json
```

1行目は、リクエスト行と呼ばれ、HTTPメソッド（GET）、リクエストURI（/test）、プロトコルバージョン（HTTP/1.1）で構成されていています。ここで誰に、何の処理を、どんなプロトコルで依頼するかを示します。HTTPにはいくつかバージョンがあり、バージョン間で仕様が異なるためプロトコルバージョンで明示的に示しています。

2行目以降はHTTPヘッダーと呼ばれ、リクエスト先のホスト名やリクエスト元のブラウザ情報などが設定されます。

HTTPヘッダーの終わりは空行で表現しますが、場合によっては空行の後ろにボディが設定されます。

ユーザーがフォームに入力した情報を送信する場合など、何かデータを送りたい場合はボディに値が設定されます。次の例における name=taro&age=25 の箇所がボディに当たります。

```
POST /post HTTP/1.1
Host: httpbin.org
User-Agent: curl/7.79.1
accept: application/json
Content-Type: application/x-www-form-urlencoded
Content-Length: 16

name=taro&age=25
```

● HTTPメソッド

HTTPメソッドはリソースに対して実行したいアクションを表すものです。先の例ではGETとPOSTを使いましたが、HTTPには全部で8つのメソッドがあります。

- GET
- POST
- PUT(PATCH)
- DELETE
- HEAD
- OPTIONS
- TRACE
- CONNECT

この中でもGET、POST、PUT（PATCH）、DELETEはCRUDと対応しているため特に頻繁に使われます。CRUDというのはデータ操作の基本である読み取り（Read）、作成（Create）、更新（Update）、削除（Delete）の頭文字を取った言葉です。GETは読み取り、POSTは作成、PUT（PATCH）は更新、DELETEは削除、というように各メソッドとCRUDが対応する関係になっています。

以降はこれらのよく使われるメソッドについて解説していきます。

◆ GET

GETは特定のリソースの取得を表します。データを読み取ることが目的なので、原則として対象のリソースに変更を加えるような処理は行われません。

◆ POST

POSTはリソースを作成します。GETと比べ、こちらはリソースに変更を与える処理が行われます。

たとえば、次のような用途で使われます。

- HTMLのformでまとめられたデータを渡す
- SNSに新しい投稿を追加する

◆ PUT（PATCH）

PUTはターゲットのリソースを新しい情報へ置き換え、更新する場合に使われます。POSTと一見似ていますが、POSTは新規作成、PUTは置き換えという点で用途が異なっています。

また、PUTと似ているメソッドとしてPATCHがあります。PATCHはリソースの部分的な更新を意図します。PUTは内容をすべて置き換えることを意図しており、PUTとPATCHは微妙に意図が異なることに注意してください。たとえばユーザー情報の編集をする場合、PUTであればユーザーが持つすべての情報を更新しますが、PATCHならユーザーの誕生日だけに絞って更新するような違いがあります。

◆ DELETE

最後にDELETEです。DELETEはその名の通り、ターゲットのリソースを削除するために使用されます。

📦 HTTPヘッダー

HTTPヘッダーはリクエスト、レスポンスのメタデータ情報を表すものです。クライアントやサーバーはヘッダーを参照し、設定値に合わせて挙動を変えることがあります。ここではよく使われるヘッダーについて解説していきます。

◆ Date

`Date` はメッセージが作成された日時を示します。

```
Date: Sat, 06 Aug 2022 06:01:40 GMT
```

◆ Content-Length

`Content-Length` はメッセージの中にボディが含まれている場合、そのサイズを10進数のバイトで示します。

◆ Host

`Host` はリクエスト先のサーバー名を示します。

◆ User-Agent

`User-Agent` はリクエスト側のブラウザやOSなどの情報を示します。

```
User-Agent: Mozilla/5.0 (Macintosh; Intel Mac OS X 10_15_7) AppleWebKit/537.36
(KHTML, like Gecko) Chrome/103.0.0.0 Safari/537.36
```

◆ Server

`Server` は後述するHTTPレスポンスで使われるヘッダーです。レスポンス側で使用されたソフトウェアを示します。

```
Server: nginx
```

◆ Content-Type

`Content-Type` はやり取りするリソースの表現方法を示します。

```
Content-Type: application/json; charset=utf-8
```

上記の例の `application/json` はMIMEメディアタイプを指定していて、応答がJSON形式のデータであることを示します。

MIMEメディアタイプにはこれ以外にも `text/plain` 、`image/jpeg` 、`video/` `mp4` などさまざまな表現方法が用意されています。

MIMEメディアタイプの後ろに付いている `charset=utf-8` はUTF-8でエンコードしていることを示しています。

◆ コンテンツネゴシエーション

クライアントとサーバーでやり取りして、使用するMIMEメディアタイプや言語設定を決めることをコンテンツネゴシエーションと呼びます。

たとえば次のようなやり取りをすることでサーバーが返却するMIMEメディアタイプを決めることが可能です。

まずクライアントはリクエスト時にHTTPヘッダーにAcceptを設定し、クライアント側で利用可能なMIMEメディアタイプを示します。

```
Accept: text/html, application/xml
```

リクエストを受け取ったサーバーはAcceptの中身を確認し、もし対応しているMIMEメディアタイプがあった場合はその形式でレスポンスします。

```
Content-Type: text/html
```

もしサーバーが対応しているMIMEメディアタイプがなかった場合は、対応しているMIMEメディアタイプがない旨をレスポンスします。たとえばステータスコードの `406 Not Acceptable` を使って伝えることがあります。ステータスコードについては後述します。

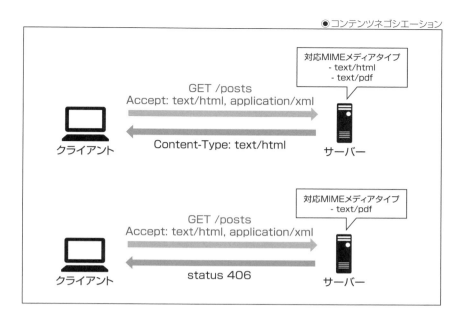

●コンテンツネゴシエーション

MIMEタイプメディアを決める `Content-Type` 以外にも、文字エンコーディングや、言語を決めるためのヘッダーもあります。これらはクライアントの環境に合わせて、文字コードや言語を変えてほしい場合などに使われます。

- Accept-Charset
- Accept-Language

◆ キャッシュ制御

HTTPの特徴の1つにキャッシュがあります。サーバーが返却したレスポンスとそのときのリクエストをクライアントが一時的に保持し続けることで、何度も同じ要求をせずに済む仕組みのことです。このキャッシュもHTTPヘッダーで制御します。

たとえば、次の例はレスポンスが生成されてから86400秒（24時間）後まではキャッシュが再利用可能であることを示します。

```
Cache-Control: max-age=86400
```

反対に、レスポンス内容をキャッシュさせたくない場合は次のようにします。

```
Cache-Control: no-store
```

🔷 HTTPレスポンス

HTTPリクエストを受け取ったサーバーは、その内容に沿った処理をしたのちHTTPレスポンスを返します。

```
HTTP/1.1 200 OK
date: Wed, 14 Sep 2022 11:51:35 GMT
content-type: application/json
content-length: 269
server: gunicorn/19.9.0
```

1行目はステータス行と呼ばれ、処理の結果を示します。この行はプロトコルバージョン、ステータスコード、テキストフレーズで構成されています。

2行目以降はリクエスト同様にHTTPヘッダーと呼ばれます。レスポンスのコンテンツ形式や、リクエストを処理したサーバーソフト名を設定します。

また、こちらもリクエストと同様に、HTTPヘッダー以降にボディを設定する場合もあります。要求されたデータをHTMLやJSON形式などで返す場合はボディに値を設定します。

🔷 ステータスコード

リクエストに対する処理の結果を数字で表したものがステータスコードです。また、ステータスコードを言葉で表現したものをテキストフレーズといいます。

ステータスコードには多くの種類があり、すべてを頭に入れておくのは難しいですが、適当にステータスコードを使うとクライアントの混乱を招きかねません。適切なステータスコードを選べるように、基本を押さえておきましょう。

ステータスコードは100～599までの数字で構成されており、1xx、2xx、3xxと百の位ごとに意味が付けられています。

- 1xx 情報レスポンス
- 2xx 成功レスポンス
- 3xx リダイレクトメッセージ
- 4xx クライアントエラーレスポンス
- 5xx サーバーエラーレスポンス

すべてのステータスコードを紹介すると数が多すぎるので、よく使われるものをピックアップして紹介します。

◆ 200 OK

「200 OK」はリクエストが成功したことを示します。似たようなステータスコードとして、新たなリソースが作成されたことを示す「201 Created」や、単に処理が成功したことだけを伝える「204 No Content」などもあります。

◆ 302 Found

「302 Found」はリダイレクトを促すステータスコードです。リクエストされたリソースの場所が一時的に他の場所へ移動したことを表し、移動先のURLをレスポンスヘッダーのLocationに記載します。このステータスコードを受け取ったブラウザはLocationを読み取り、対象のURLへリダイレクトします。

◆ 400 Bad Request

「400 Bad Request」はリクエストされた内容をサーバーが理解できないことを示します。リクエストURIに問題がある場合など、リクエストしたクライアント側に何らかの原因がある場合に使われます。

◆ 401 Unauthorized

「401 Unauthorized」はログインしていない状態など、認証されていないリクエストが来たことを示します。

◆ 403 Forbidden

「403 Forbidden」は対象のリソースにアクセスする権限がないことを示します。たとえば、ある特定の権限を持ったユーザーにしか表示させたくないページに対して、権限のないユーザーがリクエストを送った場合に使われることがあります。そのため、401にはならないが403にはなるというケースが発生することもあります。

◆ 404 Not Found

「404 Not Found」はサーバーがリクエストされたリソースを発見できないことを示します。また、認証されていないクライアントからリソースの存在を隠すために、401や403ではなく、あえて404を使うこともあります。

◆ 500 Internal Server Error

　「500 Internal Server Error」はサーバー側で処理できなかった事態が発生したことを示します。コードバグで処理が失敗した場合や、依存先のサービスがダウンして処理が完遂できなかった場合など、サーバー内で予期せぬエラーが発生した場合に使われます。

◆ 503 Service Unavailable

　「503 Service Unavailable」はサーバーがリクエストを受け取る準備ができていないことを示します。一時的な過負荷状態や、サーバーがメンテナンス状態で、リクエストを受け付けることができない場合に使われます。

REST

RESTとはAPIの設計におけるアーキテクチャの1つです。RESTに従って設計することで、システムの構造をシンプルにしつつ、他サービスと連携しやすくすることができます。

RESTはRepresentational State Transferの略であり、システム同士のやり取りを、リソースの状態（State）の表現（Representational）の転送（Transfer）と捉えたアーキテクチャです。この「リソース」「状態」「表現」、そしてRESTの構成について順を追って解説します。

🔹 リソース

RESTにおけるリソースは、グローバルなWeb上でURIによって一意に表現された情報のことを指します。

たとえば、次のような情報があるとします。

- SNSの投稿
- 今日の東京の降水確率
- 今日の千葉の降水確率

これらのように、名前を付けることができるあらゆる情報はリソースになり得ます。

しかし、このままでは一意性がありません。あるSNSの投稿をグローバルなWeb上で一意になるようにURIを使って表現すると、`www.sample.com/my-post/101` となります。

東京と千葉の降水確率をURIで表現すると `www.sample.com/tokyo/today-pop` と `www.sample.com/chiba/today-pop` になり、`tokyo` と `chiba` という点で異なるURIであるため、どちらも一意です。

これがRESTにおけるリソースの形です。

RESTに限らずグローバルなWeb上ではURIが一意であることは当たり前ですが、RESTではこのような文脈でURIが利用されます。

🜚 状態と表現

先に挙げた `example.weather.com/tokyo/today-pop` は今日の東京の降水確率を示すリソースですが、明日同じリソースを確認したら、降水確率の値は変わっているでしょう。今日は30％でも明日は70％になっているかもしれません。このようにリソースは値が変化する特性を持つので、リソースの状態（State）と呼んでいます。

表現（Representation）はリソースの形式を指しています。形式は複数あり、HTMLを使うこともあれば、JSONを使うこともありますし、PDFや画像、動画で表現されることもあります。

🜚 RESTを構成する制約

RESTは6つの制約の組み合わせで構成されています。RESTを適用することで、各コンポーネントを疎結合にしながら、拡張性のあるシステムを開発できます。

- クライアント/サーバー
- ステートレスサーバー
- キャッシュ
- 統一インターフェース
- 階層化システム
- コードオンデマンド

◆ クライアント/サーバー

1つのコンピュータの中ですべての処理を行うのではなく、クライアントとサーバーの2つに分離し、お互い必要最低限のメッセージをやり取りしながらアプリケーションを構成する方法です。

分離することでお互いの関心事を分けることができ、クライアントがブラウザの場合はマルチプラットフォームの開発がしやすくなったり、サーバー側はスケールアウトしやすくなったりします。クライアントとサーバー間のインターフェースを変えない限り、互いの修正が影響しなくなるため、独立して開発を進めることが可能になります。

◆ ステートレスサーバー

　過去の情報を記憶しないステートレスな設計にすると、可視性、保守性、スケーラビリティが向上します。リクエストの内容だけを見れば、何を要求しているのかわかるようになるのです。

　また、過去の情報を記憶しないため、サーバーに障害が起こって復旧作業をするときに考慮するポイントが減ります。同様に、サーバーを増やす場合も過去の情報を意識する必要がないため、容易にスケールアウトできます。

◆ キャッシュ

　取得したリソースをクライアントが一時的に保持しておくことです。効果的にキャッシュを使うことで、通信量を減らすことができます。ブラウザが取得したリソースを保持しておいたり、サーバーが生成したレスポンスを保持しておいたりとキャッシュにもさまざまな種類があります。

　ただし、キャッシュを使うことにはメリットがある一方で、使い方によっては最新のリソースがうまく反映されないなどのデメリットも伴うため、キャッシュの有効期限の設定などを適切に行う必要があります。

◆ 統一インターフェース

　統一インターフェースはRESTを象徴する制約です。リソースへの操作に制約を与えることでインターフェースをシンプルにし、汎用的に扱えるようにします。インターフェースを汎用にすることで、システム全体のアーキテクチャをシンプルにし、コンポーネント間のやり取りの可視性が向上します。

　インターフェースはHTTPメソッドとURIを組み合わせて定義されることが多いです。たとえば、ある投稿を管理するWeb APIでは次のようなインターフェースを定義します。

- ● GET posts（投稿一覧を取得する）
- ● GET posts/1（idが1の投稿を取得する）
- ● POST posts（投稿を作成する）
- ● PATCH posts/1（idが1の投稿を更新する）
- ● DELETE posts/1（idが1の投稿を削除する）

4
バックエンド

◆ 階層化システム

　インターフェースを統一することで、サーバー側の構成をクライアントから疎結合にでき、階層的なレイヤーを挟むことができるようになります。

　たとえばサーバーの負荷分散を目的にクライアントとサーバーの間にロードバランサーを挟むことになっても、インターフェースが変わらなければクライアント側はロードバランサーの存在を意識する必要はありません。

◉ 階層化システム

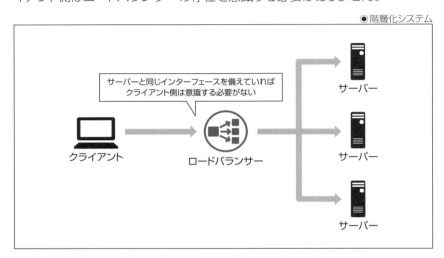

　また、サーバーの裏側にもう1台、別のサーバーが控える構成になったとしてもクライアントには関係ありません。あくまで直接やり取りする層のインターフェースにしか関心を持たないからです。

　直接やり取りする層にだけ関心を持つことで、柔軟に階層化することが可能になり、システムの拡張性を高めることができます。

◉ サーバーの構成はクライアントには関係ない

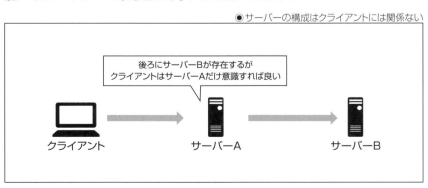

◆ コードオンデマンド

プログラムをサーバーからダウンロードして、クライアントでそれを実行する方式です。たとえばJavaScriptなどがそれに当たります。

この方式を採用することで、クライアントの拡張性を高めることができ、後からクライアントに機能を追加しやすくなります。

COLUMN
RPC

RESTはリソースに対して操作を要求をするアーキテクチャですが、プログラムにおける関数呼び出しと同じように、外部の処理そのものを要求するアーキテクチャも存在します。

それをPRCと呼びます。RPCはRemote Procedure Callの略で、直訳すると遠隔手続き呼び出しになり、別のマシン上にある手続きをネットワーク越しに呼び出すことを意味します。手続きというのは関数やメソッドと捉えてもらえればよいです。

RPCもREST同様にリクエストをするクライアントとそれを受けるサーバーが存在するクライアントサーバー方式ですが、リクエストの仕方が異なります。たとえば、ある投稿一覧を取得する場合、RESTでは「GET / posts」と名詞的に処理を要求するのに対し、PRCでは `listPosts()` のように動詞的に要求します。PRCは動詞の多様性を重視しているため、RESTよりも処理の目的がわかりやすい特徴があります。

PRCでは、サーバー側の処理の引数や戻り値がわからないとクライアント側で処理を呼び出すことができないため、PRCを使う際には両者のインターフェースを揃えておく必要があります。一般的にはインターフェースを定義するためにIDL（インターフェース定義言語）を使います。IDLについては別の節で後述します。

COLUMN
gRPC

　最近ではgoogleが開発したgRPCというフレームワークがよく使われるのでここで紹介します。

　gPRCの前身として、もともとGoogleが社内で活用していたStubbyというフレームワークがありました。それをHTTP2などの標準規格に合わせて作り直し、オープンソース化したものがgRPCです。

　gPRCの大きな特徴として、Protocol bufferがあります。ProtocolbufferはIDLとしてのサービス定義、定義ファイルの各言語へのコンパイル、通信時のデータのシリアライズをサポートする仕組みです。Protocol bufferではprotoファイルでサービス定義を行います。サービス定義をしたprotoファイルをコンパイルして各言語のコードに変換する機能も提供しているため、言語やプラットフォームが異なるサービス同士でも簡単にインターフェースを揃えることができます。

　また、gPRCではデータをシリアライズして通信するのですが、Protocol bufferが独自の形式に自動で変換してくれますし、見慣れたJSON形式などで通信したければそのように設定することもできるため、柔軟な対応が可能です。

Ruby on Railsを使った開発

CHAPTER 01でも述べた通り、実際の開発現場では開発効率を上げるためにフレームワークを使うことが多いです。バックエンドにはいくつか主流のフレームワークがありますが、ここからは初心者でも比較的簡単に開発ができるRuby on Railsを使ってRESTfulなAPIを開発していきます。

🔷 Ruby on Railsとは

Ruby on Rails（以降、Rails）はRubyで書かれたフレームワークです。Railsはアプリケーション開発で必要となる作業やリソースを事前に仮定し準備しておくことで、Webアプリケーションをより手軽に開発できるよう設計されています。事前にさまざまな機能が用意されているので、他のフレームワークと比較しても開発する際のコード量を少なくできることも特徴です。

Railsには設計の根幹となる「繰り返しを避けよ」と「設定より規約が優先」という2つの基本理念があるので紹介しておきます。

◆ 繰り返しを避けよ（Don't Repeat Yourself: DRY）

同じ意味と処理を持つコードを複数の箇所に繰り返し書いてしまうと、仕様変更があった場合の影響箇所が広くなってしまい、コードの保守性が下がります。意味が同じものは単一のコンポーネントとして管理することで、仕様変更に耐え得るアプリケーションにできるという理念です。

◆ 設定より規約が優先（Convention Over Configurationdry: CoC）

開発者が決定すべきことを減らし、ユーザーの開発効率を向上させることが目的の理念です。

たとえば、Userモデルを作成したら、それに紐付くテーブルはUserの複数系であるusersであることがRailsの規約で定められています。この規約に則ることで、モデルを作成するときに関連テーブルの命名に悩む必要がなくなり、開発者は実装に集中できます。また、規約に沿って開発されたRailsアプリケーションは、新しいメンバーにとって理解しやすいものとなり、キャッチアップしやすくなります。

🧊 MVC

RailsはMVCアーキテクチャを採用しているフレームワークです。

MVC（model-view-controller）とはアーキテクチャスタイルの一種で、アプリケーションの機能を責務ごとに3つの層に分離するアーキテクチャです。責務を分離することで、コードの依存関係を整理し、変更に耐えやすく保守しやすい状態に保つことができます。

◆ Model

Modelはビジネスロジックを責務とします。ビジネスロジックには、次のような処理が含まれます。

- カート内の商品と送料を合わせた合計金額を計算する
- DBにアクセスして商品の注文履歴を保存する

ここで注意したいのは、ModelはViewに関心を持たないことです。

たとえば商品を注文したユーザーに注文日時を見せるとします。よくあるのは `2022年8月1日 12:00` のようなフォーマットでページ上に表示する方法です。しかし、モデルはページ上のフォーマットに関心を持つべきではありません。もしDBで永続化するような値であれば、モデル側の都合のよい `2022-08-01T12:11:00.000 +900` のようなDATETIMEフォーマットで扱うべきです。

このように関心事を分けておくと、ページ上の日付フォーマットの仕様が `2022/08/01 12:00:00` に変更されたとしてもViewを修正するだけで済み、Modelには影響しません。

◆ View

Viewはブラウザ上に表示するHTMLの生成など、クライアントに返却する値の生成を責務とします。

先の例でいえばDATETIMEフォーマットから `2022年8月1日 12:00` 形式に変換したり、HTMLやCSSを使ってページを構築したりすることで、ユーザーが理解しやすい形にデータを整形するのがViewの責務です。

　また、HTMLだけではなく、JSONやXMLなどのデータを生成する場合もあります。サーバー同士で連携するためのAPIを作成したり、フロントエンドとバックエンドを分けてアプリケーションを構成する際は、HTMLではなくJSONやXMLなどのデータを返すことが多いです。その場合、あらかじめ決められたデータ構造にデータを整形します。

◆ Controller

　Controllerは外部からのリクエストを受け付け、ModelとViewの橋渡しをする責務を持ちます。

　Controllerはビジネスロジックに関心を持たず、適切なModelを呼んで必要な情報を集め、集めた情報をViewに渡してレスポンス用のデータ生成を依頼することにのみ関心を持ちます。

　しかし、Controllerの責務を意識せずに余分な処理を自由気ままに追加していくと、Controllerのコードが肥大化し、「Fat Controller」と呼ばれる状態になることがあります。この状態は本来Model、もしくはViewに書かれるべきコードがControllerにあることを示すので、適切な場所に移動させることが必要です。

◆ MVCまとめ

　最後に、Model、View、Controllerそれぞれの関係を図で表すと次のようになります。

◉Model、View、Controllerの関係

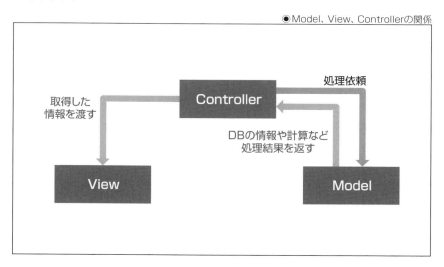

もしページの見た目を変えたければViewのCSSを修正すればいいだけで
すし、カート内の合計金額の計算式を変えたければModel上のビジネスロジッ
クを修正するだけで済みます。

このように責務ごとに層が別れていると、修正の影響範囲を局所化できる
ため、仕様変更に対応しやすくなります。

🔷 ORM

RailsにはORM（オブジェクト関係マッピング）という機能が組み込まれて
います。ORMはObject-Relation Mappingの略であり、オブジェクト指向
言語におけるオブジェクトを仮想的なDBに見立てて操作できるようにする
仕組みです。ORMにはさまざまな実装がありますが、Rails標準のORMは
ActiveRecordです。

ORMを使えばRDBにアクセスするためのSQLを自前で書く必要がなくな
り、オブジェクト指向に沿った形でコードを書くことが可能になります。

例としてActiveRecordを見てみましょう。たとえばusersテーブルが
あったとして、そこへ新規userを追加したい場合は、`User.create(name:`
`'taro', age: 26)` と書くだけでレコードを作成できます。実際には、裏側で
ORMが次のようなSQLを自動で生成して実行しているのですが、SQLの生
成や実行の詳細は隠蔽されているので、開発者は自前でSQLを書かずに済
みます。

```
INSERT INTO `users` (`name`, `age`, `created_at`, `updated_at`) VALUES ('taro',
'26' , '2022-09-19 16:12:31.577337', '2022-09-19 16:12:31.577337')
```

このようなDBへのアクセスがオブジェクトのメソッドとして提供されている
ので、DBアクセス以外の処理と遜色ないようにコーディングでき、効率的に
開発を進めることが可能になります。

ORMを使えばRDBへのアクセスを簡単に記述できるようになりますが、生
成されるクエリに対して無関心な状態でいると無駄なクエリが実行されてパ
フォーマンスが落ちてしまったり、セキュリティ的に脆弱なクエリになってしま
う場合があります。直接SQLを書くのと同様に、ORMを使う場合でも実行す
るクエリに注意を払うようにしましょう。

◈ 環境構築

次項から実際にRailsを使ってAPIの開発をしていくので、ここで環境構築をしておきます。必要なソースコードはすべてGitHubに用意してあるので、まずは下記のリポジトリをクローンしてください。

URL https://github.com/web-enginner-textbook/
second-edition-sample

今回はDocker環境上で開発するので、クローンが完了したらリポジトリの `chapter4/section18/empty` に移動し、次のコマンドでイメージのビルドをしておきます。

```
$ docker-compose build
```

◈ APIの実装

ここからはRailsを使って、TODOタスクをCRUDできるAPIを作成していきましょう。

実際に手を動かしながら進める場合は、先ほどイメージをビルドした `chapter4/section18/empty` で作業してください。完成後のコードは `chapter4/section18/complete` に用意してあります。

RailsではViewであるHTMLを構成するためのサポート機能が充実しており、RailsだけでUIまですべて揃ったアプリケーションを開発できます。しかし、フロントエンドのリッチ化や、マルチプラットフォーム化などの背景により、現代ではフロントエンド側と分離して開発することが多くなってきているため、今回はHTMLではなくJSONを返すAPIを開発していきます。

●JSONを返すAPI

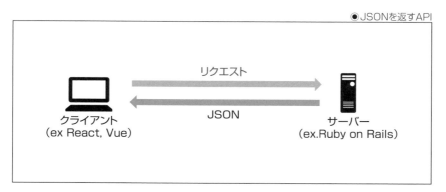

リクエスト

JSON

クライアント
(ex React, Vue)

サーバー
(ex.Ruby on Rails)

　以降はコンテナ内で作業するため、まずは次のコマンドでコンテナ内に入りましょう。

```
$ docker-compose run -p 3001:3000 app bash
```

　コンテナ内に入ったら `rails new` コマンドを実行し、新たにRailsアプリケーションを作成します。

```
root@7ccf6801713a:/todo_app# rails new . --api  --force --database=mysql
```

　`--api` オプションを付与することで、ブラウザ向けのミドルウェアなど不要なものを省いたアプリケーションを作成できます。また、今回はデータベースとしてmysqlを利用するので `--database` オプションで設定しています。
　コマンドを実行すると、次のようなひな形が生成されます。

```
todo_app
├ app
│  ├ channnels
│  ├ controllers
│  ├ jobs
│  ├ mailers
│  ├ models
│  └ views
├ bin
├ config
├ db
├ lib
├ log
├ public
├ storage
├ test
├ tmp
└ vendor
```

　`app` には `controllers` 、`models` 、`views` のMVC要素などアプリケーションを構成するための主なディレクトリが用意されています。今回のサンプルアプリではこのディレクトリを主に編集することになります。

`config` はアプリケーションの設定をするためのディレクトリです。ルーティングの定義ファイルやデータベースに接続するための設定ファイルなどもここに置かれます。

`db` はデータベースに関連するファイルを置くディレクトリです。TODOタスク用のテーブルを作成するときに利用します。

◆ データベース接続のための準備

データベースに接続するための設定を先に済ませておきます。 `config/databse.yml` を次のように編集してください。

SAMPLE CODE config/databse.yml

```
default: &default
  adapter: mysql2
  pool: <%= ENV.fetch("RAILS_MAX_THREADS") { 5 } %>
  encoding: utf8mb4
  host: db

development:
  <<: *default
  username: root
  password: "password"
  database: todo_app_development

test:
  <<: *default
  username: root
  password: "password"
  database: todo_app_test
```

設定が完了したら、ターミナルの別ウィンドウを開き、データベース用のコンテナを起動します。次のコマンドを実行してください。

```
$ docker-compose up db
```

データベースが立ち上がったら、元のウィンドウに戻り、次のコマンドを実行してデータベースを作成します。

```
root@14c9bce3601a:/todo_app# rails db:create
```

◆ 簡単なAPIの実装

事前準備が済んだら、手始めに固定値を返す簡単なAPIを作成してみましょう。コンテナ内で次のコマンドを実行し、Controllerを作成します。

```
root@b327dfac74dd:/todo_app# rails generate controller SampleTodoTasks
Running via Spring preloader in process 26
      create  app/controllers/sample_todo_tasks_controller.rb
      invoke  test_unit
      create    test/controllers/sample_todo_tasks_controller_test.rb
```

コマンドを実行すると、controllerファイルが生成されます。生成された `app/controllers/sample_todo_tasks_controller.rb` を次のように編集してください。

SAMPLE CODE app/controllers/sample_todo_tasks_controller.rb

```
class SampleTodoTasksController < ApplicationController
  def index
    render json: [
      { content: 'sample_task1' }, { content: 'sample_task2' }
    ]
  end
end
```

このコードは `SampleTodoTasksController` の `index` メソッドにリクエストが届いたら、タスク内容のJSONが返ることを表しています。

次にControllerの処理とURLを関連付けます。Railsでは `config/routes.rb` でルーターの振り分けを定義するので、ファイルを次のように編集してください。

SAMPLE CODE config/routes.rb

```
Rails.application.routes.draw do
  get '/sample_todo_tasks', to: 'sample_todo_tasks#index'
end
```

`config/routes.rb` の修正を保存後、次のコマンドを実行すると、URLとそれに対応するControllerの一覧を見ることができます。

```
root@b327dfac74dd:/todo_app# rails routes
                            Prefix Verb   URI Pattern
Controller#Action
             sample_todo_tasks GET    /sample_todo_tasks(.:format)
sample_todo_tasks#index
```

実行結果を見ると、`SampleTodoTasksController` の `index` にリクエストを送るためにはGETメソッドで `/sample_todo_tasks` を指定すればよいことがわかります。

ちなみにRailsはRESTの統一インターフェースの制約に則り、HTTPメソッド+リソースURLの組み合わせでリクエストの表現をしています。たとえば、次のようにCRUD処理とリソースURLが対応します。

●CRUD処理とリソースURLの対応

CRUD処理	リソースURL
一覧	GET /sample_todo_tasks
詳細	GET /sample_todo_tasks/:id
登録	POST /sample_todo_tasks
更新	PATCH /sample_todo_tasks/:id
削除	DELETE /sample_todo_tasks/:id

それでは今作成したAPIにcurlリクエストを投げてみましょう。コンテナ内で次のコマンドを実行するとRailsサーバーが立ち上がります。

```
root@b327dfac74dd:/todo_app# rails s -p 3000 -b '0.0.0.0'
=> Booting Puma
=> Rails 6.1.7 application starting in development
=> Run `bin/rails server --help` for more startup options
Puma starting in single mode...
* Puma version: 5.6.5 (ruby 3.0.3-p157) ("Birdie's Version")
*  Min threads: 5
*  Max threads: 5
*  Environment: development
*          PID: 49
* Listening on http://0.0.0.0:3000
Use Ctrl-C to stop
```

　サーバーが立ち上がったら、ターミナルで別ウィンドウを開き、そこから次のコマンドを実行してみてください。

```
$ curl --location --request GET 'http://localhost:3001/sample_todo_tasks'
[{"content":"sample_task1"},{"content":"sample_task2"}]%
```

　controllerに設定した値が返ってくることが確認できました。サーバーを止めたい場合は、サーバーが立ち上がっているウィンドウで「Ctrl」+「c」キーを押せば止められます。

　これで簡単なAPIが1つ完成しましたが、このままではタスクの追加や編集ができません。以降はTODOタスクのModelを作成し、CRUD操作が可能なAPIを新たに作成していきます。

◆ TODOタスクAPIの実装

　まずTODOタスク用のModelを作成していきます。RailsにおけるモデルはORMの役割を兼任することが多く、その場合、モデル名をテーブル名の単数系にするという規則があります。反対にテーブル名はモデル名の複数系になります。

　コンテナ内で次のコマンドを実行して、TODOタスク用のModelを生成してみましょう。

```
root@f9048fee93bb:/todo_app# rails generate model TodoTask content:string
Running via Spring preloader in process 38
      invoke  active_record
      create    db/migrate/20221225063321_create_todo_tasks.rb
      create    app/models/todo_task.rb
      invoke    test_unit
      create      test/models/todo_task_test.rb
      create      test/fixtures/todo_tasks.yml
```

　このコマンドを実行すると、ToDoタスク用のModelとマイグレーションファイルが生成されます。

マイグレーションとはデータベーススキーマへの変更をrubyで記述できる仕組みのことを指します。データベーススキーマに変更があるたびにマイグレーションファイルを作成し、変更を積み重ねることができるため、積み重ねの歴史を頭から順番に実行することでデータベーススキーマの再現が可能になります。また、変更を積み重ねるような形で変更を管理するため、データベーススキーマを1つ前の状態に戻すことも可能になっています。

それでは、先ほど生成されたマイグレーションファイルである `db/migrate/20221225063321_create_todo_tasks.rb` を見てみましょう。ファイル名の先頭にはマイグレーションファイル生成時のタイムスタンプが設定され、**[タイムスタンプ]_[マイグレーション名]**.rb のような命名規則となります。

SAMPLE CODE db/migrate/20221225063321_create_todo_tasks.rb

```
class CreateTodoTasks < ActiveRecord::Migration[6.1]
  def change
    create_table :todo_tasks do |t|
      t.string :content

      t.timestamps
    end
  end
end
```

`create_table` はテーブルを新たに定義するメソッドです。カラムはブロック内で定義しており、ここではstring型の `content` が定義されていることがわかります。また、`timestamps` は `created_at` と `update_at` カラムを追加することを指しています。

確認が済んだところでマイグレーションを実行してみましょう。コンテナ内で次のコマンドを実行してください。

```
root@f9048fee93bb:/todo_app# rails db:migrate
Running via Spring preloader in process 47
== 20221225063321 CreateTodoTasks: migrating ==========================
========
-- create_table(:todo_tasks)
   -> 0.0057s
== 20221225063321 CreateTodoTasks: migrated (0.0059s) =================
========
```

これでマイグレーションファイルの内容がデータベースに反映されました。

モデルが定義されたかコンソールで確認してみましょう。次のコマンドで
Railsアプリケーションのコンソールに入ります。

```
root@f9048fee93bb:/todo_app# rails console
Running via Spring preloader in process 74
Loading development environment (Rails 6.1.6.1)
irb(main):001:0>
```

Railsのコンソール上で次のコマンドを実行し、TODOタスクモデルのカラ
ムを確認してみましょう。

```
irb(main):001:0> TodoTask.column_names
  (1.2ms)  SELECT sqlite_version(*)
=> ["id", "content", "created_at", "updated_at"]
```

先ほど定義した設定が反映されてそうなので、このまま1つレコードを追加
してみましょう。次のコマンドを実行するとレコードが追加できます。

```
irb(main):002:0> TodoTask.create(content: "買い物に行く")
  TRANSACTION (0.1ms)  begin transaction
  TodoTask Create (2.8ms)  INSERT INTO "todo_tasks" ("content", "created_
at", "updated_at") VALUES (?, ?, ?)  [["content", "買い物に行く"],
["created_at", "2022-12-25 06:35:48.927037"], ["updated_at", "2022-12-25
06:35:48.927037"]]
  TRANSACTION (3.0ms)  commit transaction
=>
#<TodoTask:0x0000aaab23257898
 id: 1,
 content: "買い物に行く",
 created_at: Sun, 25 Dec 2022 06:35:48.927037000 UTC +00:00,
 updated_at: Sun, 25 Dec 2022 06:35:48.927037000 UTC +00:00>
```

これでレコードの追加ができたはずなので、1つレコードを取得して確認し
てみましょう。次のコマンドを実行してください。

```
irb(main):003:0> TodoTask.first
  TodoTask Load (4.1ms)  SELECT "todo_tasks".* FROM "todo_tasks" ORDER
BY "todo_tasks"."id" ASC LIMIT ?  [["LIMIT", 1]]
=>
```

```
#<TodoTask:0x0000aaab2387c228
  id: 1,
  content: "買い物に行く",
  created_at: Sun, 25 Dec 2022 06:35:48.927037000 UTC +00:00,
  updated_at: Sun, 25 Dec 2022 06:35:48.927037000 UTC +00:00>
```

先ほど入力した通りの値が入っていることが確認できました。 `created_at` と `updated_at` の値も自動的に付与されています。

確認ができたら次のコマンドでコンソールから抜けます。

```
irb(main):004:0> exit
```

このように `rails console` コマンドを使うことで実装したコードを試しに動かすことができますが、作成したレコードは実行環境に反映されてしまうので、DBに影響を与えたくない場合は次のような `--sandbox` オプションを付与するとよいです。

```
rails console --sandbox
```

`--sandbox` オプションを付ければコンソールを抜けたタイミングですべての変更がロールバックされ、コンソールで行ったデータベース変更をなかったことにできます。

以上でモデルの用意ができたので、次はControllerを作成しましょう。次のコマンドで、`index` 、`show` 、`create` 、`update` 、`delete` メソッドが設定されたControllerを生成できます。

```
root@f9048fee93bb:/todo_app# rails generate controller TodoTasks \
    index show create update destroy
Running via Spring preloader in process 36
      create  app/controllers/todo_tasks_controller.rb
       route  get 'todo_tasks/index'
              get 'todo_tasks/show'
              get 'todo_tasks/create'
              get 'todo_tasks/update'
              get 'todo_tasks/destroy'
      invoke  test_unit
      create    test/controllers/todo_tasks_controller_test.rb
```

4
バックエンド

　app/controllers/todo_tasks_controller.rb を見ると、指定したメソッドが定義されていることを確認できます。

SAMPLE CODE app/controllers/todo_tasks_controller.rb

```
class TodoTasksController < ApplicationController
  def index
  end

  def show
  end

  def create
  end

  def edit
  end

  def destroy
  end
end
```

　ではこのファイルを編集して、CRUD用の処理を実装していきます。次のように編集してください。

SAMPLE CODE app/controllers/todo_tasks_controller.rb

```
class TodoTasksController < ApplicationController
  def index
    todo_tasks = TodoTask.all
    render json: todo_tasks.map { |todo_task| todo_task.attributes }
  end

  def show
    todo_task = TodoTask.find(params[:id])
    render json: todo_task.attributes
  end

  def create
    TodoTask.create(todo_task_strong_parameters)
    render status: :created
  end

  def update
```

▼

```
    todo_task = TodoTask.find(params[:id])
    todo_task.update(todo_task_strong_parameters)
    render json: todo_task.attributes
  end

  def destroy
    todo_task = TodoTask.find(params[:id])
    todo_task.destroy
    render status: :no_content
  end

  private

  def todo_task_strong_parameters
    params.require(:todo_task).permit(:content)
  end
end
```

ここで各メソッドを説明しておきます。

`index` メソッドはTodoTaskの一覧を返します。 `TodoTask.all` ですべてのレコードを取得し、map内で `todo_task.attributes` をすることでモデルの属性をハッシュの形に変換します。

`show` メソッドは指定されたIDに一致するTodoTaskを返します。パラメータで指定されたIDを使って `find` を実行し、IDが一致するTodoTaskを取得します。

`create` メソッドはパラメータの値を使ってTodoTaskを作成します。ここではstrong parametersの仕組みを利用している `todo_task_strong_para meters` というメソッドを呼び出しています。strong parametersとはこちらが意図しないデータまで更新されることを防ぐために受け取るデータを絞り込む仕組みのことを指します。

`update` メソッドはパラメータで指定されたIDに一致するTodoTaskの情報を更新します。こちらもstrong parametersを利用し、値を絞り込んでいます。

`destroy` メソッドはパラメータで指定されたIDに一致するTodoTaskを削除します。

次に `config/routes` を編集します。今は次のような設定になっていますが、このままだとすべての処理をGETメソッドで呼んでしまい、RESTfulではないので修正していきましょう。

SAMPLE CODE config/routes

```
Rails.application.routes.draw do
  get 'todo_tasks/index'
  get 'todo_tasks/show'
  get 'todo_tasks/create'
  get 'todo_tasks/update'
  get 'todo_tasks/destroy'
  get '/sample_todo_tasks', to: 'sample_to_do_tasks#index'
end
```

先のルーティング設定を次のように修正してください。resourcesを設定するとtodo_tasksコントローラのCRUD用メソッドとURLを自動で関連付けることができます。このような規約もRailsの思想であるCoCが表れています。

SAMPLE CODE config/routes

```
Rails.application.routes.draw do
  resources :todo_tasks
  get '/sample_todo_tasks', to: 'sample_to_do_tasks#index'
end
```

修正が完了したら次のコマンドでルーティングを確認してみましょう。CRUDに対応したRESTfulなURLとHTTPメソッドが設定されています。

```
root@7b377b62e3d2:/todo_app# rails routes
                          Prefix Verb   URI Pattern
Controller#Action
                      todo_tasks GET    /todo_tasks(.:format)
todo_tasks#index
                                 POST   /todo_tasks(.:format)
todo_tasks#create
                       todo_task GET    /todo_tasks/:id(.:format)
todo_tasks#show
                                 PATCH  /todo_tasks/:id(.:format)
todo_tasks#update
                                 PUT    /todo_tasks/:id(.:format)
todo_tasks#update
                                 DELETE /todo_tasks/:id(.:format)
todo_tasks#destroy
```

　これでAPIの準備は完了です。次のコマンドでRailsサーバーを立ち上げた後、ターミナルの別ウィンドウを開き、`curl` で動作確認をしてみましょう。

```
root@f9048fee93bb:/todo_app# rails s -p 3000 -b '0.0.0.0'
```

●タスクの登録

```
$ curl --location -X POST 'http://localhost:3001/todo_tasks' \
--header 'Content-Type: application/json' \
--data-raw '{
    "todo_task": {"content": "ゴミ捨て"}
}'
```

●タスク一覧の取得

```
$ curl --location -X GET 'http://localhost:3001/todo_tasks'
[{"id":1,"content":"買い物に行く","created_at":"2022-12-09T03:21:43.905Z",
"updated_at":"2022-12-09T03:21:43.905Z"}]%
```

●IDを指定してタスクの取得

```
$ curl --location -X GET 'http://localhost:3001/todo_tasks/1'
{"id":1,"content":"買い物に行く","created_at":"2022-12-09T03:21:43.905Z",
"updated_at":"2022-12-09T03:21:43.905Z"}%
```

●タスクの更新

```
$ curl --location -X PATCH 'http://localhost:3001/todo_tasks/2' \
--header 'Content-Type: application/json' \
--data-raw '{
    "todo_task": {"content": "洗剤を買う"}
}'
{"content":"洗剤を買う","id":2,"created_at":"2022-12-09T05:02:27.617Z",
"updated_at":"2022-12-09T05:03:06.677Z"}
```

●タスクの削除

```
$ curl --location -X DELETE 'http://localhost:3001/todo_tasks/2'
```

　これでRESTfulなAPIが完成しました。汎用的なものなので、どんなクライアントからでも叩くことができます。実際のアプリケーション開発ではもっと複雑なアプリケーションを構成することになりますが、これがAPI開発の基本になります。

🔳 テスト

機能を実装しただけでは、機能が期待通りに動いている保証ができません。実装したコードに対してテストを書いていきましょう。

今回はRubyのテストフレームワークとして用いられることが多い、RSpecを使っていきます。

◆ RSpec

RSpecのRはRubyの略で、SpecはSpecificationの略です。Specificationは「仕様」を指す言葉です。RSpecはRubyで書かれたコードの仕様、少し言い換えると、コードの振る舞いが正しいのかどうかを確かめるフレームワークです。

アプリケーションが内部的にどんな処理を行っているのかというHOWに焦点を当てるのではなく、アプリケーションが結果的に何を行うのかというWHATに対して焦点を当てています。

Rails用のRSpecにはテストの関心ごとにSpecが用意されていますが、その中でも今回はcontrollerの振る舞いをテストするためのrequest specを書いていきます。request specはルーティングの挙動まで含めてテストできるようになっているので、実際のAPIの挙動に近しい状態でリクエストとレスポンスを確かめることができます。

それでは実際にRSpecを使っていくためにRails用RSpecのgemを追加し、環境の準備をしましょう。gemはrubyのパッケージ、またはパッケージの依存関係を管理するパッケージマネージャーのことを指します。

利用するgemは `Gemfile` で管理しているため、利用したいgemがある場合は `Gemfile` を編集してgemを追加していきます。

RSpecを追加するために `Gemfile` を開き、`group :development, :test do` の中に `gem 'rspec-rails'` を追加してください。

SAMPLE CODE Gemfile

```
group :development, :test do
  # Call 'byebug' anywhere in the code to stop execution and get a debugger
console
  gem 'byebug', platforms: %i[mri mingw x64_mingw]
  gem 'rspec-rails'
end
```

Gemfile を編集したらgemをインストールするためのコマンドを実行します。次のコマンドを実行してください。

```
root@f9048fee93bb:/todo_app# bundle install
Using rake 13.0.6
Using concurrent-ruby 1.1.10
Using i18n 1.12.0
Using minitest 5.16.3
Using tzinfo 2.0.5
Using zeitwerk 2.6.6
Using activesupport 6.1.7
Using builder 3.2.4
Using erubi 1.11.0
Using racc 1.6.0
Using nokogiri 1.13.9 (aarch64-linux)
Using rails-dom-testing 2.0.3
Using crass 1.0.6
Using loofah 2.19.0
Using rails-html-sanitizer 1.4.3
Using actionview 6.1.7
...
```

次にrspecの環境設定をします。コマンドを実行するだけで完了するので、次のコマンドを実行してください。

```
root@f9048fee93bb:/todo_app# rails generate rspec:install
```

これでRSpecの準備が整いました。

環境構築が完了したので、TODOタスクを取得するAPIのrequest spec を書いてみましょう。テストの挙動を体験しながら進めるために、まずはわざと失敗するテストを書き、その後、修正してみます。

spec 以下に requests ディレクトリを作成後、その中に todo_tasks_con troller_spec.rb を作成して次のように編集してください。

SAMPLE CODE spec/requests/todo_tasks_controller_spec.rb

```ruby
require 'rails_helper'

RSpec.describe 'TodoTasksController', type: :request do
  describe 'GET /todo_tasks/{id}' do
    # ① todo_taskの用意
    let(:todo_task) do
      TodoTask.create(content: 'ゴミ捨て')
    end

    it '指定したTodoTaskが返されること' do
      # ② _pathヘルパーを利用してgetリクエスト
      get todo_task_path(id: todo_task.id)
      body = JSON.parse(response.body)
      # ③ 返ってきた値と期待値を比較するが、contentが異なるので比較は失敗する
      expect(body).to include({ 'id' => todo_task.id, 'content' => '掃除' })
    end
  end
end
```

テストファイルの中身について説明していきます。

このファイルでは TodoTasksController#show のテストをするので、まずはレスポンスで返すために必要なTodoTaskレコードを①で用意しています。 let! という機能を使っていますが、これを使うことでブロック内に作成したインスタンスに todo_task でアクセスすることが可能になります。

②ではpathヘルパーを利用してURLを動的に生成しています。TodoTasksController のルーティング定義をする際に resources :todo_tasks としたのを覚えているでしょうか。 resources で宣言したルーティングに対してはこのようなヘルパーメソッドを利用できます。

最後に、③で返ってきた値と期待値を比較しています。 expect に検証対象となる値を設定し、 include に期待値となるハッシュを設定しています。 include はmatcherと呼ばれる機能で、検証対象の値と期待値を比較して一致したかどうかを返してくれます。 include はハッシュの内容を比較できるmatcherで、 include に設定したハッシュと完全一致しなくてもその値が含まれていれば検証が成功します。今回のケースでは、テストの挙動を確認する目的でわざと content を間違った値に設定しているため、テストは失敗します。

それではテストを実行してみます。コンテナ内で次のコマンドを実行してください。

失敗したテストがあるとFailuresが表示され、失敗したテストの内容が表示されます。

```
root@998e1008ec07:/todo_app# bundle exec rspec
F

Failures:

  1) TodoTasksController GET /todo_tasks/{id} 指定したTodoTaskが返され
ること
     Failure/Error: expect(body).to include({ "id" => todo_task.id,
"content" => "掃除" })

       expected {"content" => "ゴミ捨て", "created_at" =>
"2022-12-14T14:30:14.202Z", "id" => 1, "updated_at" =>
"2022-12-14T14:30:14.202Z"} to include {"content" => "掃除"}
       Diff:

       @@ -1,3 +1,5 @@
       -"content" => "掃除",
       +"content" => "ゴミ捨て",
       +"created_at" => "2022-12-14T14:30:14.202Z",
        "id" => 1,
       +"updated_at" => "2022-12-14T14:30:14.202Z",

     # ./spec/requests/todo_tasks_cotroller_spec.rb:17:in `block (3
levels) in <top (required)>'

Finished in 0.07571 seconds (files took 1.52 seconds to load)
1 example, 1 failure

Failed examples:

rspec ./spec/requests/todo_tasks_cotroller_spec.rb:14 #
TodoTasksController GET /todo_tasks/{id} 指定したTodoTaskが返されること
```

content を修正すれば期待通りにテストが通るはずなので、include の中身を次のように修正してください。

SAMPLE CODE spec/requests/todo_tasks_cotroller_spec.rb

```
expect(body).to include(
    { 'id' => todo_task.id, 'content' => todo_task.content }
)
```

修正が完了したら次のコマンドでもう一度rspecを実行してください。Failuresがなくなればテスト成功です。

```
root@998e1008ec07:/todo_app# bundle exec rspec
.

Finished in 0.06691 seconds (files took 1.55 seconds to load)
1 example, 0 failures
```

以上がrequest specの基本的な書き方になります。

rspec railsにはmodel specなどrequest spec以外のテストを書く機能も用意されているので、公式のドキュメントを読んでみることをおすすめします。

URL https://rspec.info/documentation/6.0/rspec-rails/

COLUMN
なぜテストを書くのか

　自動テストを書くことは大切ですが、そもそもなぜテストを書く必要が
あるのでしょうか。テストを書くこと自体にも工数はかかりますが、そこの
コストをかけてまで書く必要はあるのでしょうか。

　テストを書くことによって得られるメリットについて改めて確認しておき
ましょう。

▶機能の担保ができる

　一番わかりやすいテストのメリットが機能の担保ができることでしょう。
テストを書くことで新しく使った機能は正しく動いているか、既存の機能
に影響を及ぼしていないかを確認できます。

　自分で書いたコードだけではなく、依存ライブラリのアップデートでも
役立ちます。ライブラリのメジャーバージョンアップデートなどで破壊的
な変更が入るケースはよくあることです。テストがあれば、既存の処理が
廃止されたらテストが失敗するため、バージョンアップをデプロイする前
に気付くことができます。

　また、チーム開発においては複数のエンジニアが同じコードベースで
作業するので、他人が作った機能を壊していないか検査する意味でも有
用です。

▶リファクタリングの土台になる

　テストはリファクタリングの土台になります。リファクタリングは機能そ
のものを作り替えるのではなく、振る舞いはそのままにしたまま構造を作
り替えることです。振る舞いが変わらないことを確認するためにも、テス
トを用意する必要があります。

▶コード設計の適切化につながる

　テストを書くときには、引数や戻り値、内部で依存している処理を意識
せざるを得ません。

　テストケースを書くために依存処理を用意したり、引数と戻り値を定義する過程で、設計の見直しをする機会が生まれます。依存処理が多すぎる場合など、テストが書きにくいと感じたらそもそもテスト対象のコード設計が適切ではない可能性があります。コード設計がよくてもテストが書きにくいという状況は生まれますが、テストしにくさを感じたら設計を一度疑うことをおすすめします。

　以上のようにテストを書くことのメリットはいくつもありますが、共通していえるのはコストの削減です。機能担保のために手作業で動作チェックをするのは骨が折れますし、大規模アプリケーションの場合、何らかの修正が入るたびにそれを行うのは非現実的でしょう。また、リファクタリングするために大量のテストコストをかけることも難しいと思われます。テストを意識することで生まれるコード設計の適切化は、将来的な実装コスト削減につながるものですが、テストを書かなければその恩恵は得られません。

　将来的なコストを削減するというメリットを得るためにもテストは書くべきだと筆者は考えています。

　しかし、個人で開発する場合など明らかにコストに見合わなかったり、使い捨てる前提のコードの場合はテストを書かないというのも1つの選択肢です。

インターフェース定義言語

　バックエンドとフロントエンドを別々のアプリケーションとして開発したり、開発したAPIを外部に向けて公開したりする場合、APIの仕様書がないと余分なコミュニケーションコストがかかってしまったり、認識齟齬が発生したりします。また、APIの仕様をドキュメントに残そうとして、テキストファイルやExcelなどでまとめてしまうと、その後の保守がしにくく結局、更新されないままになるケースもあります。

　そういった事態を防ぐためにもインターフェース定義言語（IDL）を使ってAPIのインターフェースを定義することをおすすめします。

　IDLはInterface Definition Languageの略で、APIやオブジェクトのインターフェースを定義するために使われる言語を指します。IDLはプログラミング言語とは独立して定義され、IDLのフォーマットに合わせてインターフェースの定義します。テキストファイルやExcelなどを使うとフォーマットに個人差が出てしまうのに対し、IDLはフォーマットが決まっているため、IDLさえ知っていれば誰でも読めますし、容易に編集できます。

　プログラミング言語に変換できるIDLも存在するため、最初にAPIのインターフェースを定義してから、実際の開発を進めるスキーマファーストという開発手法が取られるケースもあります。また、ライブラリなどを使うことで定義したインターフェースをそのままモックサーバー化したり、プログラムのテストに組み込んだりできます。

　開発時のフローとしてインターフェースの記述を必須化したり、テストに組み込むことで、継続的にインターフェースの定義を更新することが可能になり、定義と実装が乖離する事態を防ぐことができます。

● OpenAPI

REST APIの定義ができるOpenAPIというIDLを使って、先ほど作成した
TODOタスクAPIのインターフェースを定義してみます。

OpenAPI用をブラウザ上で編集できるSwagger Editorというサービス
があるので、今回はそれを使ってOpenAPIを編集していきます。

● Swagger Editor

URL https://editor.swagger.io/

OpenAPIはJSONとYAMLのフォーマットがサポートされているので、今
回はYAMLを使います。

Swagger Editorのエディタ画面に次のようなコードを記述してください（
`chapter4/section19/todo_task_api.yaml` を参照。 `chapter4/section19/`
`todo_task_api_complete.yaml` にはすべてのAPIが記載）。

```yaml
openapi: 3.0.0
info:
  title: todo task api
  version: '1.0'
paths:
  /todo_tasks/{id}:
    get:
      description: タスクの取得
      parameters:
        - name: id
          in: path
          required: true
          schema:
            type: integer
      responses:
        '200':
          description: タスクが格納されたJSON
          content:
            application/json:
              schema:
                $ref: '#/components/schemas/TodoTask'
              example:
                example-1:
                  value:
```

```
                    id: 1
                    content: 掃除
components:
  schemas:
    TodoTask:
      type: object
      required:
        - id
        - content
      properties:
        id:
          type: integer
        content:
          type: string
```

　設定値の詳細についてはOpenAPIのドキュメント（https://swagger.io/specification/）を参照していただくとして、まず `paths` 以下を見てください。

　`paths` 以下にはAPIのエンドポイント、メソッドごとのリクエストとレスポンスが定義されています。 `/todo_tasks/{id}` の `get` を見てみましょう。

　`parameters` はリクエスト時のパラメータを表します。このエンドポイントはidをパスに含める必要があるので、idが数字であることを示す、`schema: type: integer` を設定し、パス内に含めることを表す `in: path` と必須項目であることを表す `required: true` を設定しています。

```
    parameters:
      - name: id
        in: path
        required: true
        schema:
          type: integer
```

　次に `responses` を見ていきます。 `responses` 以下の `200` はステータスコードを示します。ここではリクエストが成功した場合のレスポンスを定義します。

　レスポンスの形式として `application/json` を記述し、その中にJSONの型を記述していきます。ここでは `$ref` で他の箇所に定義したschemaを参照しています。

　$ref は components/schemas/TodoTask に定義してある TodoTask を参照するようにしてあります。 schema の設定後は example にレスポンスのサンプルを記述し、このエンドポイントの定義は終了です。

```
      responses:
        '200':
          description: タスクが格納されたJSON
          content:
            application/json:
              schema:
                $ref: '#/components/schemas/TodoTask'
              example:
                example-1:
                  value:
                    id: 1
                    content: 掃除

  ...

components:
  schemas:
    TodoTask:
      type: object
      required:
        - id
        - content
      properties:
        id:
          type: integer
        content:
          type: string
```

　YAML形式のままでもインターフェースを読み解くことは可能ですが、読みにくくてドキュメントとしてはあまり親切ではありません。
　人が読みやすい形にするために、記述したOpenAPIをHTML形式で出力できます。たとえば、Swagger Editorの画面右側に表示されているものがそれに当たります。

●Swagger Editor

　また、Swagger Codegenなどのライブラリを利用すれば定義したAPIを
そのままモックサーバーとして動かすこともできるため、利用すればフロント
エンドとバックエンドの作業が独立して進めやすくなるなどのメリットが得られ
ます。

認証と認可

ユーザー登録制のアプリケーションを開発することになれば、ユーザーにログインさせたり、ユーザーの権限範囲を限定したりすることが必要になります。それらのことを認証、認可という概念で表されるので、それぞれの違いや実装方法について解説していきます。

🔷 認証

認証は操作する者が誰なのかを証明してもらい、確認する処理のことを指します。現実世界では、免許証やパスポートを提出し、本人であることの確認をすることが認証に当たります。

Webにおける認証方法にはいくつか種類があるのですが、メジャーなものを紹介していきます。

◆ HTTP認証

HTTP認証はHTTPの仕様として定められている認証手法であり、HTTPヘッダーを利用して認証します。認証の流れは次の通りです。

●HTTP認証の流れ

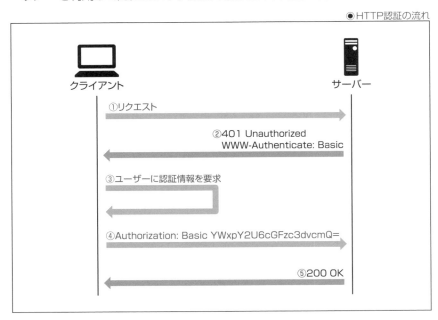

　まず何の認証も済ませていないクライアントがサーバーに対してリクエスト
します。次に、クライアントを認証していないサーバーは、ステータスコード
の `401` とともに、`WWW-Authenticate` ヘッダーを返します。

　`WWW-Authenticate` ヘッダーには、どのような認証が必要なのかという情
報が含まれており、このことをチャレンジと呼びます。今回の例ではBasic認
証によるチャレンジを表しています。Basic認証はユーザーIDとパスワードの
ペアをエンコードし、それを送信することで認証する手法です。

```
WWW-Authenticate: Basic
```

　サーバーから `WWW-Authenticate` ヘッダー付きのレスポンスを受け取った
クライアントは、ユーザーに認証情報の入力を要求します。

　ユーザーの認証情報の入力が完了したら、Basic認証の規格に則り、クラ
イアントは認証情報であるユーザーIDとパスワードのペアをエンコードしま
す。その後、エンコードした認証情報を `Authorization` ヘッダーに付与し、
サーバーにリクエストします。

　リクエストを受け取ったサーバーはAuthorizationヘッダーの情報をデコー
ドしてDB内の認証情報と比較し、その結果が一致した場合にクライアントの
認証は完了します。

　以上がBasic認証を使ったHTTP認証の流れですが、実はBasic認証には
大きな欠点があります。それはエンコードしたidとpasswordを暗号化せず
に送信してしまうことです。認証情報をエンコードする際にbase64という方
式を使うのですが、base64は簡単にデコードできてしまうため通信が傍受
されてしまうと認証情報の流出に直結します。そのため、HTTPで行う他のや
り取りと同様にHTTPSのようなセキュアな通信が必須とされています。

　また、HTTPにはBasic認証の欠点を改善した認証方式であるDigest認
証も定義されています。Digest認証ではBasic認証で扱うユーザーIDとパ
スワードにランダム文字列を付与し、MD5というハッシュ関数を通してハッ
シュ化することで解読しにくくしています。しかし、現代ではMD5のアルゴリ
ズムを解析できてしまうので、過度な信頼を置くことはできません。

　どの認証方法を採用するにせよ、まずはHTTPSを利用して通信自体を暗
号化することが重要です。

◆ フォーム認証

普段生活している中で最もよく見るのがフォーム認証でしょう。HTMLの `form` タグを使い、idとpasswordを入力してもらうことで認証することをフォーム認証と呼びます。

認証の流れは次の通りです。

● フォーム認証の流れ

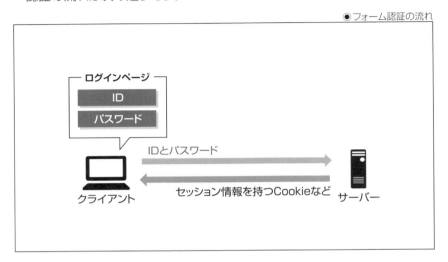

まずクライアント側でログイン画面を表示し、ユーザーにIDとパスワードの入力を促します。ユーザーの入力が完了したら、サブミットをしてサーバーにリクエストします。サーバーはリクエストボディに含まれるid、passwordの内容が正しいことを検証し、成功した場合に認証します。

この手法はHTTP認証と異なり、HTTPの仕様に含まれているわけではないため、各々で処理を実装する必要があります。また、例によってフォーム認証もIDとパスワードを平文で送信してしまうので、暗号化通信することが必須です。

◆ 多要素認証

近年、セキュリティ向上を目的に多要素認証（MFA：Multi-Factor Authentication）を導入するwebサービスが増えています。

多要素認証の「要素」という言葉は、次の3要素を指しています。

● 多要素認証の「要素」

種類	説明
知識情報	パスワード、PINコードなど、本人しか知り得ない知識
所持情報	スマートフォン、ハードウェアトークンなど、本人しか所持し得ないもの
生体情報	指紋、静脈、声紋など、本人特有の生体情報

これらの要素のうち2つ以上を組み合わせて認証することを多要素認証と呼び、最近では3要素のうち2つを確認する2要素認証（2FA：Two-Factor Authentication）を採用しているケースが多いように感じます。

以前はパスワードなどの知識情報だけで認証を済ませることが多かったのですが、パスワード流出のリスクや、パスワードの使い回しなど、パスワード単体で認証をすることに対してセキュリティ的に脆弱なことが危惧されるようになり多要素認証が導入され始めました。

2要素認証としてよくあるのはパスワードなどの知識情報とスマートフォンなどの所持情報を組み合わせて確認する方式です。パスワードの確認後、登録済みのメールアドレスや電話番号にワンタイムトークンを送信し、それを入力してもらうことで所持情報を確認します。

また、スマートフォンのアプリを所持情報と見立てて、アプリ上にワンタイムトークンを表示させる手法もあります。

◆ 認可

認可は、対象に特定の権限を与えることです。たとえば現実世界では次のようなケースがあります。

- 自動車免許を持つ者に対して、自動車運転することを許可する。
- 切符を買った者に対して、電車に乗ることを許可する。

現実世界では、認証せずとも認可できる場合もあります。切符の例がそれに当たります。

しかし、Web上では認証をして認可をするケースが多いため、認証と認可がセットで語られることが多いです。

❖ 同一サービス内における認可

　同一サービス内での認可は多くの場合、DB内でユーザーと認可情報とを紐付けて管理しているので、それらの情報を照らし合わせ、認証したユーザーに対して認可します。

❖ 別サービスにおける認可

　機能要件として別サービスと連携したいケースもあります。たとえば、あなたが開発しているTODOアプリに、他会社であるA社が提供するカレンダーサービスの情報を取り込みたい場合、A社のカレンダーサービスと連携する必要が出てきます。カレンダーサービスに認可してもらう手っ取り早い方法は、カレンダーサービスの認証情報をユーザーから教えてもらうことです。ログイン用のメールとパスワードをユーザーに尋ね、TODOアプリのDBに保存してしまえばいつでもカレンダーサービスにアクセスできます。

　しかし、これは歴としたアンチパターンです。万が一その情報が漏洩してしまった場合のリスクが高すぎます。認証情報を使ってログインしてしまえば、ユーザーがそのカレンダーサービス上でできるすべてのことができてしまうため、漏洩や悪用された場合を考慮するとリスクしかありません。

　アクセス権限における原則として、最小権限の原則(PoLP：Principle of Least Privilege)と呼ばれるものがあります。不正や障害が起こった場合の被害を最小限に防ぐためにも、本来の目的を達成するために必要な必要最低限の権限を与えるべきだという指針です。今回のケースでは、カレンダー情報の参照権限だけをTODOアプリに渡すべきです。

　このように別サービスと連携する際には、ユーザーの秘匿情報の管理や権限範囲に対する課題が生まれます。これらの課題へのアプローチ方法として、OAuthという手法を使うことがあるので紹介します。

◆ OAuth

　OAuthはユーザーの権限を別サービスに移譲するためのプロトコルです。OAuthの仕組みを利用することで、ユーザーの秘匿情報を他のサービスに伝えることなく、安全に権限を移譲できます。

　OAuthは主に4つのロールで構成されており、各ロールがやり取りすることで権限の移譲を達成します。

　OAuthにはさまざまな実施手法があるため、選ぶ手法によってプロセスや
ロールが変わってくるのですが、今回は認可コードフローという代表的な手法
を例に解説します。

●OAuthを構成するロール

ロール	説明
リソースオーナー	リソースにアクセスできる権限を持ち、移譲できるユーザーのことを指す。今回の例ではA社のカレンダーサービスのリソースを持っているユーザーが該当する
リソースサーバー	リソース所有者がアクセス権限を持っているリソースそのもの。今回の例ではA社のカレンダーサービスが該当する
クライアント	リソース所有者の代わりにリソースサーバーへアクセスしたいアプリケーションのこと。今回の例ではTODOアプリが該当する
認可サーバー	リソースサーバーへのアクセストークンをクライアントへ発行する役割を持つ。今回の例ではA社が用意しているものとする

各ロールのやり取りは次の通りです。

●OAuthにおける各ロールのやり取り

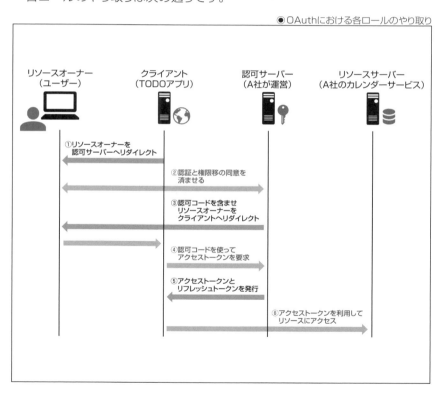

　まずクライアントがリソースオーナーのブラウザを認可サーバーヘリダイレクトさせます。認可サーバーはブラウザを通してリソースオーナーを認証した後、扱えるリソースの範囲や編集権限など、クライアントへ移譲する権限内容を確認します。ここでリソースオーナーが許可した場合、認可サーバーは認可コードを含めてブラウザをリダイレクトし、クライアントへ向けます。

　次にクライアントは受け取った認可コードを使って、認可サーバーにアクセストークンを要求します。ここでクライアントの認証が成功するとリソースサーバーへのアクセス権限を持つアクセストークンが発行されます。この際、アクセストークンを再取得するためのリフレッシュトークンが一緒に発行される場合もあります。

　その後、クライアントは発行されたアクセストークンを使うことでリソースサーバーヘアクセスできるようになります。アクセストークンは有効期限が定められているので一定期間を経過すると利用できなくなりますが、リフレッシュトークンが発行されている場合はそれを使うことで認可サーバーからトークンを再発行してもらうことが可能です。

　OAuthのフロー内で認証をする際には、リソースオーナーと認可サーバーが1対1の通信をするため、クライアントに認証情報が渡ることはありません。そのため、クライアントが保持する情報はアクセストークンだけで良くなるので、リソース所有者の権限を安全にクライアントへ移譲できます。

CHAPTER 05

フロントエンド

　フロントエンドとはユーザーと直接データのやり取りを行う要素のことを指し、Web開発においては、Webブラウザ上で動作するアプリケーションを指します。フロントエンドエンジニアの主な仕事は、HTML、CSS、JavaScriptなどでWebブラウザ上に表示するWebページを構築することです。

　ここ数年でフロントエンドの技術は急速に進化してきました。昨今では素のHTMLやCSS、JavaScriptだけでフロントエンド開発することは少なく、さまざまなライブラリやツールを駆使して開発するのが現代のフロントエンド開発のスタイルです。筆者としてはそれがフロントエンド開発のキャッチアップを阻害する要因でもあるように思えます。

　そこで、本章ではフロントエンド開発の入口に立てるように、開発の前提になる知識を紹介したのち、モダンなライブラリの1つであるReactを使って簡単なサンプルアプリを作成する構成にして現代のフロントエンド開発を体験できるようにしました。

　本章を読み終えるころには、フロントエンドエンジニアのスタートラインに立てることを想定しています。

フロント開発における前提知識

フロントエンド開発をする上で避けて通れないのがHTML、CSS、Java
Scriptの習得です。これら技術についての詳細な説明は割愛いたしますが、
簡単にそれぞれの特徴についておさらいしておきます。

● HTML

HTML(HyperText Markup Language)はWebページの文章構造を記
述するための言語です。Webページ内に他のページのリンクを載せることで、
複数のWebページを関連付けることができる特徴を持ちます。Webページ
へのリンクだけではなく、画像や動画などのメディアのリンクを埋め込むこと
も可能です。

HTMLでは要素を組み合わせることで文章構造を構築します。要素は `<p>`
のように、山括弧の中に要素が記述されたタグと呼ばれるもので、文字列な
どのコンテンツを囲むことで1つの構造を表現します。たとえば `<p>` は段落
を表現します。また、`</p>` のように / が付いているタグは終了タグと呼び、
要素の終了を表します。

```
<p>サンプル</p>
```

HTMLには `<p>` 以外にも、リンクを表す `<a>` やリストを表す `<ul>`、画像を
表す `<img>` など、多くのタグが存在します。

タグには属性も設定できます。属性を設定することで要素の挙動を変えた
りメタデータを付与できます。たとえば画像を表す `<img>` タグには次のよう
な属性を設定できます。`src` には表示する画像を指し示すURLやパスを記
述し、`alt` には画像の代替文字列を記述します。ブラウザや環境によっては画
像が表示されないケースもあるため、`<img>` タグにおいて `alt` の記述は必須
になっています。

```
<img src="https://example.com/sample.png" alt="sample image">
```

● CSS

　CSS（Cascading Style Sheets）はWebページの見た目を指定するための言語です。HTML要素の位置や、文字の装飾、アニメーションの設定などができます。HTMLは文章の構造を記述することを目的としているのに対し、CSSは見た目に関する記述を目的としています。

　CSSファイルでは、HTMLタグをどのように装飾するのかを記述します。たとえば `<p>` タグを装飾したい場合、次のように記述します。

```
p {
  color: red;
  font-size: 10px;
}
```

　CSSでは装飾対象をセレクターと呼びます。今回はセレクターとして `<p>` タグを指定しました。セレクターの後ろの中括弧内で設定したいプロパティと値を設定します。今回は文字色を表す `color` プロパティに `red` を、フォントサイズを表す `font-size` プロパティに `10px` を設定しています。

　また、セレクターとしてClassやIdの指定も可能です。 `content` というClassを対象にスタイルを設定する場合は次のように記述します。

```
.content {
  color: blue;
  font-size: 12px;
}
```

● JavaScript

　ブラウザにおいてJavaScriptはUIの振る舞いを定義する役割を持ちます。button要素をクリックしたときにある処理を実行してUI上の値を更新したり、5秒間に1回、UI上の値を更新したりなど、JavaScriptを使ってUIの振る舞いを定義できます。

　JavaScriptはDOMを通してHTMLを読み取ったり、DOMを編集してブラウザに表示する内容を変更したりできます。DOMはDocument Object Modelの略で、ドキュメントであるHTMLをObject化したものを指します。JavaScriptを通してDOMを編集することで、UIの編集が可能になります。

　JavaScriptをブラウザ上で動かすだけではなく、Node.jsなどを利用することでJavaScriptをサーバー上で動かすことも可能です。Node.jsの登場はフロントエンド開発にも大きな影響を与えたのですが、これについては後述します。

　また、JavaScriptは動的型付け言語に分類されます。動的型付けとはコード実行時に自動的に変数の型が設定される特性を指します。

　変数宣言時に型定義をする必要がないため、さっとコードを書きたいときには楽なのですが、コード実行時に型が設定されるため、動かしてみてはじめて型違いによるエラーに気付くこともあります。

　最近ではJavaScriptに静的型付け言語の特性を付与するTypeScriptがよく使われるのでこちらも後に紹介します。

COLUMN
ECMAScript

　JavaScriptの基本となる仕様のことをECMAScriptと呼びます。ECMAScriptはEcma Internationalによって定期的に改訂が行われており、改訂が行われるたびに新たな機能が登場します。バージョンの呼び方はECMAScriptの略称である「ES」に改訂年、もしくは歴史上インクリメントされ続けてきた数字を足して、「ES2021」または「ES12」のように表現されます。

　ECMAScriptはあくまで仕様であり実装は各ブラウザに委ねられています。よってブラウザごとに対応しているバージョンや機能が異なるので、新たに公開された機能を使う場合はブラウザの対応状況を確認する必要があります。

　しかし、コードを追加するたびにブラウザの対応状況を確認していると開発効率が低下してしまいます。新しいバージョンの文法を多くのブラウザで利用できるようにするために、旧バージョンのコードへ自動的に変換するトランスパイラというものが存在するので後述します。

情報ソース

フロントエンド開発に役立つサイトを紹介します。

▶Can I Use

「Can I Use」では各ブラウザにおけるCSSのプロパティやHTML要素の対応状況が確認できます。CSSやHTMLの新仕様に対する対応速度はブラウザによって異なるので、複数ブラウザを動作環境とするアプリケーションを開発する際には、使用するCSSなどの対応状況をここで確認するとよいでしょう。

- Can I Use
  - URL https://caniuse.com/

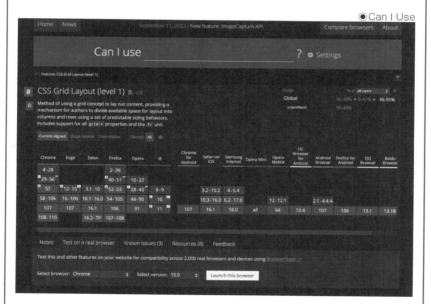
◉Can I Use

▶MDN（Mozilla Developer Network）

FireFoxを開発しているMozilla Foundationが運営しているサイトです。Web開発に関連する技術を公開しているオープンソースで、HTML、CSS、JavaScriptにおける各機能のリファレンスとして使うことができます。

また、Web入門者向けのコンテンツも揃っているので、Web技術の基礎からフロントエンド技術まで体系的に学習するのにも適しているサイトです。

- ● MDN（Mozilla Developer Network）
  URL https://developer.mozilla.org/

▶ React

下記のURLは後続で紹介するReactというライブラリのリファレンスです。昨今のフロントエンドはトレンドの移り変わりが激しいため、主要なフレームワークやライブラリのリファレンスを定期的に確認することをおすすめします。

- ● React
  URL https://ja.reactjs.org/

例を1つ挙げると、Reactではもともとクラス型で記述することが一般的だったのですが、React Hooksという機能の登場により一気に関数型の記述へとトレンドが移ることがありました。

知らない間に時代遅れな記述をしていたり、廃止予定のメソッドを書き続けていたなんてことにならないためにも、利用するツールの最新情報をキャッチアップしておきましょう。

Webブラウザ

　本質的には、Webフロントエンドエンジニアの主な仕事は、仕様通りのUIをWebブラウザ上に再現することです。世の中にはさまざまなWebブラウザが存在しますが、その中でも比較的主要なWebブラウザについて紹介します。

🔷 Google Chrome

　Google Chromeは、執筆時点でシェア率トップ（参考：https://gs.statcounter.com/）のWebブラウザです。

　Google ChromeはGoogleが開発しているWebブラウザで、デスクトップだけでなくモバイルアプリ版も存在しており、Android搭載のスマートフォンには標準搭載されています。

　レンダリングエンジンはもともとSafariと同じWebKitを採用していましたが、Webkitをベースにしたあ BlinkというレンダリングエンジンをGoogleが開発し、それを採用しています。

　Google ChromeのベースにはChromiumというオープンソースのブラウザが存在しており、それを拡張したものがGoogle Chromeとして配布されています。

🔷 Safari

　SafariはAppleが開発し、macOSやiOSに標準搭載されているWebブラウザです。レンダリングエンジンはWebkitを採用しており、Webkitの開発もApple社が中心となって行っています。

🔷 Microsoft Edge

　Microsoft EdgeはMicrosoftが開発し、Windows 10以降に標準搭載されているWebブラウザです。

　Windows 10以前はWindowsの標準搭載のWebブラウザとしてInternet Explorerが標準搭載されていましたが、2013年にリリースされたバージョン11を最後に開発が終了しました。

　その後、2022年6月に同社によるサポートが終了したため、現在はMicrosoft Edgeのみが標準搭載となっています。

5
フロントエンド

127

　Microsoft EdgeはGoogle Chromeと同様にChromiumをベースに開発されています。Chromiumをベースにしているため、レンダリングエンジンにはBlinkが使われています。

SECTION-23

開発者ツール

　Webブラウザが用意している開発者ツールを利用すると、開発やデバッグ作業をスムーズに行えます。開発者ツールの仕様は実装されているブラウザによって異なりますが、開発者ツールを利用することでHTMLの構造やCSSの検証が可能です。それ以外にもJavaScriptコンソールにアクセスすることでログやエラーを確認したり、ネットワークの通信状況の確認もできます。

　たとえば下図はGoogle Chromeのデベロッパーツールです。

●Google Chromeのデベロッパーツール

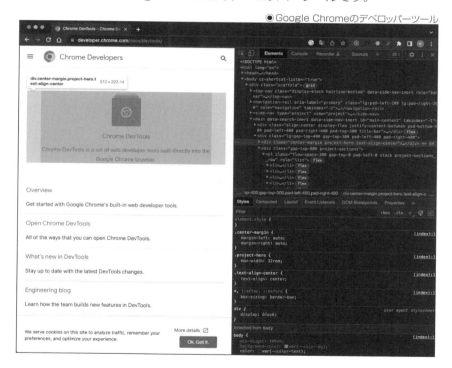

　ツール上部にHTMLの構造が、下部にCSSの状態が表示されています。ツール上に表示されているHTMLやCSSは直接編集できるため、ここからUIの微調整ができたりします。詳細は下記のURLを参照してください。

- Chrome DevTools - Chrome Developers
  URL https://developer.chrome.com/docs/devtools/

フロントエンドの開発プロセス

　昨今のフロントエンドにおいてJavaScriptに要求される役割は大きく、多様です。後続で説明するSPAの登場などにより、画面の状態をJavaScriptで管理するようになったり、画面そのものの描画を担うようになったりとJavaScriptのコードはどんどん肥大化し、複雑になってきました。

　プレーンなスクリプトファイルを書くだけの時代の手法では、大量で複雑なJavaScriptのコードを管理しきれなくなってきたため、フロントエンドの開発プロセスの発展が進みました。現代のフロントエンド開発では必ずといっていいほど何らかの開発プロセスを利用することになるため、ここで紹介したいと思います。

●フロントエンドの開発プロセス

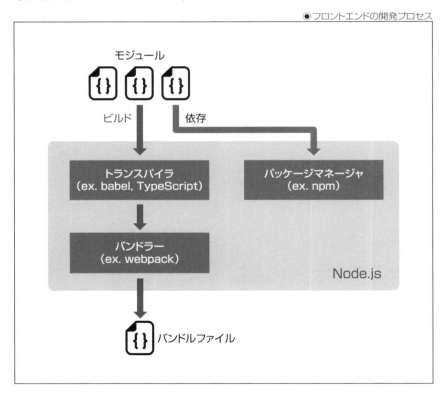

🔷 Node.js

昨今のフロントエンド開発ではNode.jsを通して、フロントエンドの開発プロセスを構築するのが主流になっています。

Node.jsはサーバー上でJavaScriptを実行できるプラットフォームですが、このおかげでフロントエンドの開発プロセスが発展し、普及してきました。

🔷 パッケージマネージャー

フレームワークやライブラリを利用しながら開発をする際には、パッケージマネージャーを使うとパッケージ間の依存関係やバージョニングを簡単に管理できます。

後続で紹介するバンドラーやトランスパイラなどの開発プロセス用のツールもパッケージマネージャーで管理をするのが一般的です。

よく使われるパッケージマネージャーとして、Node.jsがデフォルトで同梱しているnpmや、Metaが開発したyarnなどがあります。

🔷 モジュール

JavaScriptが使い始められた当初はHTMLに小さいスクリプトを添えてあげる程度で事足りていたため、スクリプト用のファイルは数個あれば十分でした。しかし、時代の流れとともにUIのリッチ化が進みJavaScriptのコードが巨大化してきました。巨大なコードを旧来の手法で管理するとグローバルな変数が増えてしまったり、コード間の依存関係が追いづらくなりメンテナンス性の低下を招きます。

そのような課題を解決するため、コードをモジュールという単位に分割して開発するようになっていきました。モジュール化すると、モジュールごとに変数のスコープを区切ることができるためメンテナンス性や拡張性が向上し、コードの再利用がしやすくなります。また、モジュールごとにテストを書けるため、細かくテストを実行することが可能になりテストの見通しもよくなりました。

JavaScriptを動かす環境や、利用するライブラリによりモジュール定義方法は変わってきますが、フロントエンド開発でよく使われるのがECMAScript ModuleというJavaScriptの仕様規定された記法です。`export` 文と `import` 文を利用して次のようにモジュールのロードと外部化を行います。

```
export const culc = (a, b) => {
    return a + b
}
```

```
import { culc } from './utils.js'

const main = () => {
    culc(1,2)
}
```

● バンドラー

バンドラーはモジュールを1つのファイルにまとめる技術です。バンドラー誕生以前は、モジュール化されたファイルを取得するために何度もリクエストが飛んでしまいページ表示に時間がかかったり、そもそもモジュール自体がサポートされていないブラウザがありました。そのため、バンドラーを使って複数のモジュールを1つのファイルにまとめられるようになりました。

パッケージマネージャーと組み合わせることでnpmライブラリも一緒にバンドルできるため、何らかのライブラリに依存しているアプリケーションはバンドラーを使うことが多いです。

バンドラーにはwebpackやrollup.js、parcel、esbuildなどの種類がありますが、create-react-appという、Reactのテンプレート作成用コマンドで採用されているwebpackが比較的知名度が高いです。

● トランスパイラ

ブラウザはJavaScriptの標準規格であるECMAScriptをサポートしていますが、すべてのブラウザが最新の構文をサポートしているわけではありません。さらに昨今はECMAScriptの構文だけではなく、ReactのJSXやTypescriptのType AnnotationなどECMAScriptにはない構文を扱うAltJSも登場してきました。

これらの最新の技術を活用して開発効率を上げつつ、どのブラウザでも動くコードを用意するために、トランスパイラを使って下位互換性のあるコードへ変換するようになりました。

　トランスパイラとして有名なのがBabelです。BabelはECMAScriptの
コードを後方互換バージョンに変換できます。また、プラグインを入れること
でJSXやType Annotationをコンパイルし、ブラウザが理解できるコードへ
の変換も可能になります。

　ただし、トランスパイラ自体にはモジュールをバンドルする機能がないため、
webpackなどのバンドラーと組み合わせて使うことが多いです。

SPA

　SPA(Single Page Application)は、画面の描画や更新をJavaScript
が主に担う設計のことを指します。SPAでは基本的にJavaScriptがDOMを
操作しながらUIを管理するため、APIから最新のデータを取得して画面の一
部分を更新させたり、ページ遷移のタイミングでローディング中のUIを表示
させたりすることが可能になり、より良いユーザー体験を提供できます。

　SPAはJavaScriptがメインでUIを管理する特性上、HTMLやCSS、Java
Scriptなどのビルドファイルをダウンロードするのは、初期ロード時の1回だ
けで済ませることができます。ページ遷移するたびにHTMLをホストサーバー
から取得する必要はなく、APIから受け取った情報をもとにJavaScriptが新
たなページを構築します。

●SPA

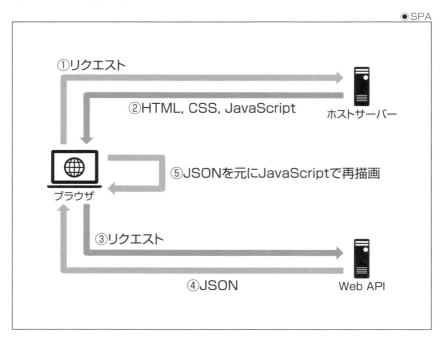

TypeScript

　JavaScriptは、動的型付け言語という特性上、コードを実行してはじめてエラーに気付くことが多いです。趣味で作ったコードのちょっとしたタイポであればすぐに修正すればよいですが、顧客に提供するようなアプリケーションにおいては、実行してはじめて気付くようなエラーはできれば生みたくないものです。

　また、現代のフロントエンドのコード量は巨大化してきており、数万行に及ぶコードをモジュール化しながら構成されることが多いです。その場合、どうしても他人が作ったモジュールを使わざるを得ませんが、他人が作ったモジュールの引数や戻り値を調べるためだけに実装の詳細を読んでいては開発効率が低下します。戻り値に複数の型のパターンがある場合、それを見落としてしまう危険性もあります。

　このようなJavaScriptで大規模なフロントエンド開発をする際の課題を解決するためにTypeScriptが使われるようになりました。

　TypeScriptはJavaScriptに静的型付け言語の特性を与えるJavaScriptのスーパセットです。静的型付け言語とは、動的型付け言語と対象に、変数宣言時に型を宣言する言語です。たとえば次のように、変数にstring型を宣言します。

```
const name: string = "taro"
```

　もし型と異なる値を代入した状態で、TypeScriptで静的検査をするとエラーを通知します。

●TypeScriptのエラー

```
const name: string = 111;
              TS2322: Type 'number' is not assignable to type 'string'.
```

135

　静的検査とはコードを実行せずにコードの誤りを検出することです。これを実行することにより、今までコードを実行してはじめて気付いたタイポや型違いによるエラーを事前に検出することが可能になります。

　また、関数やオブジェクトに型を定義することでドキュメントとしての役割を果たすこともできます。次のように、関数のパラメータの型と、戻り値の型を指定することで、何を引数として何を返す関数なのかわかりやすくなります。

```
const sayHello  = (name: string): string => `Hello ${name}!`
```

　ここで挙げた例はとても簡単なものですが、引数が多かったり、オブジェクトを返すような関数を定義する際にはそのありがたみをより感じることになるでしょう。

　また、TypeScriptにはトランスパイラとしての役割もあります。TypeScriptで書いたコードを任意のESバージョンにコンパイルできます。コンパイル後のコードは、型などの情報が含まれない純粋なJavaScriptのコードになるため、そのコードをブラウザやNode.jsで実行できます。

開発環境の構築

　以降の節ではサンプルコードを交えながら解説を進め、最後にTODOタスクアプリの開発とテストを実装します。本節で事前に開発環境を用意しておきましょう。

🔹 Node.jsのインストール

　下記の公式サイトからNode.jsを取得し、インストールしてください。本章では、執筆時点での推奨版であるv18.12.1を利用しています。

> URL https://nodejs.org/ja/download/

🔹 yarnのインストール

　パッケージ管理のためにYarnをインストールします。インストール方法は下記のURLを参照してください。

> URL https://chore-update--yarnpkg.netlify.app/ja/docs/install

🔹 リポジトリのクローン

　サンプルコードが用意してある下記のリポジトリをクローンします。

> URL https://github.com/web-enginner-textbook/
> 　　　　　　　　　　　　　　　second-edition-sample

　リポジトリには章に対応したディレクトリが用意してあります。必要なライブラリはすべて `package.json` というマニフェストファイルに記入済みなので、動かしたい章のディレクトリに移動し、次のコマンドを実行すれば依存ライブラリがインストールされます。

```
$ yarn install
```

　また、今回のサンプルコードはReactが提供している `create-react-app` というテンプレート作成コマンドを利用してひな形を生成しています。バンドラーやトランスパイラの設定はreact-scriptというライブラリに隠蔽されているため細かい設定は不要です。

　依存ライブラリのインストールが完了した後、ローカルサーバーを立ち上げてアプリケーションを実行させる場合は次のコマンドを入力します。

```
$ yarn start
```

React

　昨今のフロントエンド開発における主流なフレームワーク、ライブラリとしてVue、Angular、Reactがよく話題に上がります。どれもが開発者の体験を向上できる素晴らしいものですが、今回は初心者でも簡単に書くことができるReactを使ってフロントエンド開発を体験していきます。

　以降の流れとしては、まずReact独自の構文や仕組みについて解説してある程度、Reactについて理解してもらった後、TODOタスクアプリの開発、テストの実装まで行います。

🔷 JSX

　ReactではJSXという構文を用いてUIを宣言的に記述していきます。たとえば次の `SampleButton` という関数を見てください。

```
const SampleButton = () => {
    return (
            <button className="basic" style={{background: "red"}}
                onClick={() => {alert("clicked!")}}>サンプル</button>
    )
}
```

　`<button>` タグがあるので一見普通のHTMLに見えますが、これがJSXです。 `SampleButton` を実行すると、設定したスタイル通りの `<button>` タグがブラウザ上に描画され、それをクリックすると `onClick` に設定した `alert` が実行されます。

　JSXでは `<button>` タグに対して `onClick` という属性を指定することで、直接イベントハンドラを設定できます。普通のHTMLとJavaScriptで記述しようとするとファイルをまたいでしまったりして、どうしてもコード同士の距離が空いてしまいますが、JSXではマークアップとロジックの両方を含んだ記述ができるため、UIに関する情報が読み取りやすいという利点があります。

```
<button style="background-color: red">サンプル</button>
```

```
const button = document.querySelector(".basic");
const handleClick = () => {
    alert("clicked!");
}
button.addEventListener("click", handleClick);
```

JSXは最終的に普通のJavaScriptの関数にトランスパイルされて実行されるため、JSXを変数の中に代入したり、`if` 文中で使用できます。

次のコードでは、引数の `message` の有無で、戻り値であるJSXを分岐させています。

```
const Message = (message) => {
    if (message) {
        return <p>{message}</p>
    } else {
        return <p>Empty Message</p>
    }
}
```

JSXは普通のJavaScriptにトランスパイルされる過程で、`React.create Element` というメソッドの呼び出しに変換されます。JSXを使わずに `React.createElement` を利用してReactの記述も可能ですが、JSXで記述されることがほとんどなのでJSXの記法に慣れておくとよいでしょう。

```
const Button = React.createElement("button", {
    className: "basic",
    onClick: () => {
        alert("clicked!");
    },
    style: { background: "red" },
});
```

ReactがJSXを採用している理由として、Reactの公式ドキュメントでは『マークアップとロジックを別々のファイルに書いて人為的に技術を分離するのではなく、Reactはマークアップとロジックを両方含む疎結合の「コンポーネント」という単位を用いて関心を分離します。』という説明がされています。

　HTMLやCSS、JavaScriptなどの技術ごとにファイルを分離するのではなく、あるUIに対する関心をJSXでまとめて記述し、関心ごとにファイルを分離できることもJSXの大きな特徴です。

🌐 UIの更新

　先のJSXの例ではbuttonを押したらalertが表示されるというものでしたが、実際のアプリケーション開発では、あるアクションに対応してUIを更新する処理が必要になってきます。ReactではUIの状態を管理するstateと呼ばれるものを使うことでUIの状態を更新できます。

　stateの例として次のようなコンポーネントを用意しました。次のコンポーネントはbuttonをクリックすると、現在時刻が画面に表示される仕様になっています。

```
import React, { useState } from "react";

const CurrentTime = () => {
    const [time, setTime] = useState();

    return (
        <div>
            <p>Last clicked : {time}</p>
            <button
                onClick={() => {
                    setTime(Date.now());
                }}
            >
                タイムスタンプ更新
            </button>
        </div>
    );
};
```

　useStateは現在のstateの値と、state更新用の関数を返します。stateの値である `time` を参照すれば現在の値が取得できるため、p要素内に設定しています。stateの値を更新するためには、state更新用の関数である `setTime` を使います。 `setTime` をbuttonの `onClick` イベントに設定し、イベント時点のタイムスタンプに `time` を更新します。

　Reactのコンポーネントはstateが更新されると再レンダリングするように
なっているため、`setTime` で `time` の値を更新するたびに再レンダリングし、
画面を更新します。

　また、コンポーネントにはPropsというものを渡すことも可能です。Props
はプログラミング言語における引数のようなもので、コンポーネントを呼び出
す際にPropsを設定することで値を渡すことができます。

　次のコンポーネントはPropsで `currentTime` を受け取り、それをp要素内
に設定しているため、渡された `currentTime` がそのまま画面上に表示されま
す。コンポーネントはPropsの値が変化した場合も自動で再レンダリングされ
るようになっているため、Propsで渡される `currentTime` の値が変われば画
面も更新されます。

```
import React from "react";

const CurrentTime = ({ currentTime }) => {
    return (
        <div>
            <p>now : {currentTime}</p>
        </div>
    );
};
```

　PropsやStateが更新されなくても再レンダリングが行われる場合もあり
ます。コンポーネントの呼び出し元である、親コンポーネントが再レンダリン
グされたときです。Reactでは親コンポーネントが再レンダリングされると子
コンポーネントも再レンダリングされる仕様なので、親から子へ伝播的に再レ
ンダリングが行われます。

```
// 親コンポーネント
const Parent = () => {
    const [time, setTime] = useState();

    return (
        <div>
            <p>Last clicked : {time}</p>
            <button
                onClick={() => {
```

▼

```
                setTime(Date.now);
            }}
        >
            タイムスタンプ更新
        </button>
        {/*
            state更新によりParentが再レンダリングされると、
            Childも再レンダリングされる
        */}
        <Child />
    </div>
    );
};
```

```
// 子コンポーネント
const Child = () => {
    return <p>子コンポーネント</p>;
};
```

⬢ ライフサイクル

コンポーネントをレンダリングする前にAPIからデータを取得したり、コンポーネントが消えるタイミングで不要なイベントリスナを削除するなど、特定のタイミングに合わせて処理を実行したい場合があります。こうした用途に備えて、Reactはライフサイクルメソッドというものを用意しています。これを用いることでコンポーネントのライフサイクルにおける任意のタイミングで処理を実行できます。

ライフサイクルの解説のために `chapter5/section28/src/index.js` に次のようなカウンターコンポーネントを用意しました。Reactのコンポーネントにはクラス型と関数型があるのですが、説明の便宜上ここではクラス型を使います。

このカウンターは3秒ごとに数字がインクリメントされていく仕様になっています。①の `countUp` の中で `this.setState` メソッドを呼んでいますが、これはReact.Componentから継承したstateを更新するためのメソッドです。useStateが返すstate更新用の関数と同じようなものだと考えてください。

143

```
class ClassComponentCounter extends React.Component {
    constructor(props) {
        super(props);
        this.state = {counter: 0}
    }

    // ②コンポーネントがDOMとして描画された後に実行
    componentDidMount() {
        this.counterID = setInterval(
            () => {
                this.countUp()
            }, 3000
        )
    }

    // ③コンポーネントのDOMが削除されるタイミングで実行
    componentWillUnmmount() {
     clearInterval(this.counterID)
    }

    // ④コンポーネントが更新された直後に実行
    componentDidUpdate() {
        console.log(`current counter: ${this.state.counter}`)
    }

    // ①インクリメント用
    countUp() {
        this.setState((state) => ({
            counter: state.counter + 1
        }))
    }

    render() {
        return (
            <div>
                <h1>Counter</h1>
                <p>{this.state.counter}</p>
            </div>
        )
    }
}
```

　クラス内に `componentDidMount`、`componentDidUpdate`、`componentWillUnmount` という見慣れないメソッドがあることに気付くと思いますが、これがライフサイクルメソッドです。それぞれ対応するライフサイクルのタイミングで実行されます。

　ReactではコンポーネントがDOMとして描画されることをマウントと呼ぶので、②の `componentDidMount` はコンポーネントがDOMとして描画された後に実行されます。コンポーネント描画用のデータ取得や、今回のように初期化時に1回実行すればよい `setInterval` などを実行するのに適したライフサイクルです。

　③の `componentWillUnmount` はコンポーネントのDOMが削除されるタイミングで実行されます。 `clearInterval` を実行すること繰り返しの処理を破棄しています。

　④の `componentDidUpdate` はコンポーネントの更新が行われた直後に実行されます。コンポーネントのstateやpropsが変更され、再レンダリングが発生するたびに実行されます。 `setInterval` 内で `countUp` が実行されると、stateの更新が起こり再レンダリングされるのでそのタイミングで実行されます。

　`componentDidMount` と `componentDidUpdate` と `componentWillUnmount` 以外にもライフサイクルメソッドはあるのですが、最低限この3つだけ理解しておくと、この後に登場する関数型のコンポーネントの理解がスムーズになります。

　ライフサイクルは実際にコードを動かしてみないとなかなか理解しにくいので、このコンポーネントを動かしてみましょう。

　`chapter5/section28` に移動し、 `yarn install` コマンドで依存ライブラリをインストールした後、 `yarn start` を実行してください。

　正常に動いていれば次のような画面が表示されます。デベロッパーツールでコンソール確認すると、 `componentDidUpdate` のタイミングでログが出力されていることが確認できます。

5

フロントエンド

●クラスコンポーネントの動作画面

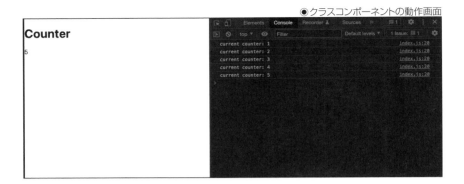

◆ UseEffect

先ほどまではクラス型のコンポーネントで解説しましたが、最近のReactでは関数型のコンポーネントを使うのが主流です。

クラス型で書いたコードを関数型に変換してみます。`chapter5/section 28/src/index.js` の `FunctionalComponentCounter` を参照してください。

次のコードは先ほど実装したstateやライフサイクルメソッドをすべて再現しています。

```
const FunctionalComponentCounter = () => {
    const [counter, setCounter] = useState(0);
    // ①setIntervalのIDを保持するためのrefを定義
    const intervalRef = useRef();

    const countUp = () => {
        setCounter((stat) => stat + 1);
    };

    // ③マウント時に一度だけ実行
    useEffect(() => {
        intervalRef.current = setInterval(countUp, 3000);
        // ④クリーンアップ用の処理
        return () => {
            clearInterval(intervalRef.current);
        };
    }, []);

    // ②マウント時と更新時に実行
    useEffect(() => {
```

```
        console.log(`current counter: ${counter}`);
    });

    return (
        <div>
            <h1>Counter</h1>
            <p>{counter}</p>
        </div>
    );
};
```

　①の `useRef` は渡された引数で `current` プロパティが初期化されている `ref` オブジェクトを返します。`current` の値はコンポーネントがアンマウントされるまで存在し続けるため、`current` に `setInterval` 時のIDを保持しています。

　次に `useEffect` を見てみます。`useEffect` は `componentDidMount`、`componentDidUpdate`、`componentWillUnmount` がまとまったものだとイメージしてもらうとわかりやすいです。

　ライフサイクルメソッドと同じように `useEffect` の処理はコンポーネントのマウント時や再レンダリングが走るたびに実行されます。たとえば②の `useEffect` では `componentDidMount` と `componentDidUpdate` のタイミングで `console.log` が実行されます。

　また、`useEffect` に第2引数に配列を渡すことで実行タイミングの制御も可能です。たとえば、次のように `counter` を第2引数に設定すると、`counter` の値が変化している場合のみ、`useEffect` の処理を実行させられます。

```
useEffect(() => {
    console.log(`current counter: ${counter}`)
}, [counter])
```

　`componentDidMount` のように1度だけ実行すればよい場合は、空配列を渡します。③の `useEffect` ではその仕組みを利用しています。

　また、③内の無名関数の返り値が④の無名関数になっていますが、これはクリーンアップ用の処理を指します。コンポーネントがアンマウントされたタイミングで `setInterval` を破棄したいので、`clearInterval` の処理をクリーンアップ用の関数として設定しています。

コードを実際に動かす場合は `src/index.js` の75行目を次のように修正してください。

SAMPLE CODE src/index.jsの75行目

```
root.render(<FunctionalComponentCounter />);
```

以上のように関数型コンポーネントでは `useEffect` を通してライフサイクルメソッドを実行することが可能になり、クラス型より簡略的に書くことが可能になります。

一方でライフサイクルの概念を理解していないと理解しにくい仕組みになっているため、まずは何度かクラスコンポーネントを動かしてみてライフサイクルメソッドの扱いに慣れておくと、関数型の理解も用意になります。

🔲 仮想DOM

Reactでは仮想DOMという概念を採用し、高速なUIの更新ができるようになっています。仮想DOMは、メモリ上に構築されたDOMの簡略的なコピーのようなものです。UIの状態を変化させる処理がReact上で走ると基本的にはこの仮想DOMの状態を更新します。そして内部的にReactが実DOMを更新することで画面が更新されます。

これだけだと何がメリットなのかわかりませんが、この手法を使うことで画面の更新範囲を必要最低限に収めることができます。仮想DOMは状態の変更があった場合、1つ前の仮想DOMと比較をして差分が存在するオブジェクト検知し、差分がある箇所の実DOMだけを更新します。こうすることで必要最小限のレンダリングしか行われなくなり、描画コストを削減することが可能になります。

Reactでは仮想DOMの前後比較や実DOMへの反映処理が隠蔽されているので、初心者のうちは開発する際に意識することはあまりないかもしれませんが、Reactの特徴として知っておくとよいでしょう。

🍱 コンポーネント指向

　昨今のフレームワークやライブラリでフロントエンド開発をする際には、UI
の宣言や状態をカプセル化したコンポーネントと呼ばれる単位を再利用したり
組み合わせたりしながらUIを構築する、コンポーネント指向な開発をします。

　現実世界では同じような形のネジや木材を組み合わせながらものづくりを
していきますが、コンポーネントがネジや木材に当たるものだと考えるとわか
りやすいでしょう。同じ形のネジや木材を組み合わせながら小さな部品を作成
し、それを組み合わせることで最終的に大きな家具を作り上げるようなイメー
ジです。

　たとえば次のようにUIを構成する要素を、A、B、C、Dという部品に分解
してそれぞれをコンポーネントとして開発します。そして出来上がった各コン
ポーネントを組み合わせることで最終的なUIを表現します。

●コンポーネント指向

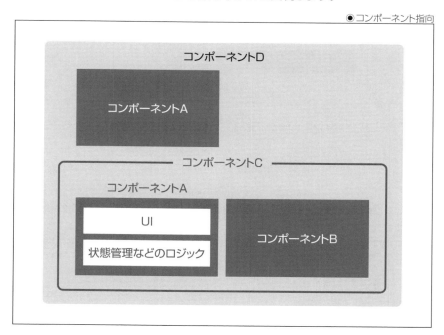

　このようなコンポーネント指向で開発する大きなメリットの1つは再利用性
が高まることです。あくまで部品として開発することで、別の用途でも使うこ
とが可能になり、UI開発の効率を向上させることができます。また、コンポー
ネントという細かい単位に区切ることでテストもしやすくなります。

サンプルアプリの開発

　ここからは実際に手を動かしながらTODOタスクアプリを開発してみましょう。実装するUIの全体像は次の通りです。

◉サンプルアプリのUIの全体像

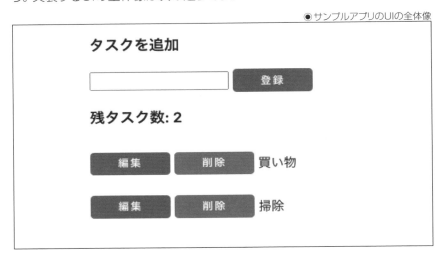

　コンポーネント指向で開発するために、まずはUIをコンポーネントごとに分解します。

　今回は次のように、ボタンコンポーネント、タスク追加コンポーネント、タスクコンポーネント、タスク一覧を構成するコンポーネント、全体を構成するコンポーネントの5つに要素を分解し、末端の要素から順に実装していきます。

◉実装するコンポーネント

UI	名称
登録 編集 削除	ボタンコンポーネント
登録	タスク追加コンポーネント
編集 削除 買い物	タスクコンポーネント

UI	名称
編集　削除　買い物 編集　削除　掃除	タスク一覧コンポーネント
タスクを追加 　　　　　　　登録 **残タスク数: 2** 編集　削除　買い物 編集　削除　掃除	全体構成コンポーネント

また、現場で実際にアプリケーション開発をする場合、バックエンドと連携してデータを永続化するケースがほとんどだと思われるので、今回はタスクを保存・編集・削除するタイミングでAPIを叩く仕様にします。

本章のサンプルコードとして chapter5/section29 に empty と complete の2つのディレクトリを用意しています。 complete はサンプルコードがすべて揃っているディレクトリ、empty は開発環境用のファイルしか用意していないディレクトリです。

実際にサンプルコードを書きながら開発する場合は empty ディレクトリを使って以降の作業を進めてみてください。

本節はReactを体験してもらうことにフォーカスしているため、HTMLやCSS、その他細かい設定はどちらのディレクトリにも事前に用意してあります。

ボタンコンポーネントの作成

まずはボタンコンポーネントから作成してみます。今回作成するボタンコンポーネントは、登録、編集、削除などさまざまな用途で使える汎用的なコンポーネントになります。

`chapter5/section29/empty/src/component` に `ActionButton.tsx` というファイルを作成し、次のように編集してください。また、先述したように最近のフロントエンド開発ではTypeScriptを利用するのがデファクトスタンダードになっているので、以降のコードはすべてTypeScriptで記述しています。TypeScriptに関する細かい説明は省略していますので、型の種類や記法は都度、下記URLのドキュメントで確認してください。

URL https://www.typescriptlang.org/

SAMPLE CODE ActionButton.tsx

```
import React from "react";

type ActionType = "positive" | "negative";

export const ActionButton: React.FC<{
    // ①コンポーネントの型定義
    actionType: ActionType;
    text: string;
    onClick: () => void;
}> = ({ actionType, text, onClick }) => {
    return (
        // ②ActionTypeでclassNameを分岐している
        <button
            className={`action_button ${actionType}_background`}
            onClick={onClick}
        >
            {text}
        </button>
    );
};
```

まず①のReactコンポーネントの型について説明します。ここでは `React.FC` という型を使い、`ActionButton` の型を宣言しています。`React.FC` 中でPropsの型の宣言もできるため、Propsとして受け取る `actionType` や `text`、コールバック用の `onClick` の型をここで宣言しています。

5
フロントエンド

②では、Propsで渡された `ActionType` を `className` に設定することで、スタイルを動的に変更しています。

`className` 以外にも、button要素に表示する `text` や、ボタンをクリックしたときの `onClick` の処理もPropsから受け取るようにしているため、`ActionButton` は用途に縛られず汎用的に扱えるコンポーネントになっています。後続のコンポーネントで何度も利用するため、そこで再利用性を実感していただけると思います。

● タスク追加コンポーネント

次にタスク追加コンポーネントを作成します。 `chapter5/section29/empty/src/component` に `TaskForm.tsx` を作成し、次のようなコンポーネントを作成してください。

SAMPLE CODE TaskForm.tsx

```tsx
import React, { useState } from "react";
import { ActionButton } from "./ActionButton";


export const TaskForm: React.FC<{
    onSave: (content: string) => void;
}> = ({ onSave }) => {
    const [content, setContent] = useState("");

    const handleChangeContent = (e: any) => {
        console.log("handleChangeContent called");
        setContent(e.target.value);
    };

    const handleSave = async () => {
        console.log("handleSave called");
        setContent("");
        await onSave(content);
    };

    return (
        <div className={"task_form_wrapper"}>
            <input
                type="text"
                className={"task_input"}
                // ①入力欄に変更があった場合にステートの更新
```

▼

```
            onChange={handleChangeContent}
            value={content}
        />
        <ActionButton
            actionType={"positive"}
            text={"登録"}
            // ②クリック時に保存
            onClick={handleSave}
        />
    </div>
  );
};
```

①では input の onChange に handleChangeContent を設定しています。ユーザーが文字を入力したり、ペーストしたりするたびに handleChangeContent が実行され、content の値が更新されます。

②では ActionButton の onClick に handleSave を設定しています。ユーザーがクリックしたタイミングで handleSave の処理で content が初期化された後にPropsから渡された onSave が実行されます。

● タスクコンポーネント

次にタスクコンポーネントを作成していきます。このコンポーネントの仕様として、初期状態で1つのタスクと編集、削除するためのボタンを表示します。この状態で削除ボタンがクリックされた場合、タスクは削除されます。

編集ボタンがクリックされた場合は、編集用の <input> と更新ボタン、キャンセルボタンを表示します。更新ボタンがクリックされた場合はそのタスクの内容が更新され、キャンセルボタンがクリックされた場合は編集状態を破棄して初期状態に戻ります。

それでは chapter5/section29/empty/src/component に Task.tsx というファイルを作成し、次のようなコンポーネントを作成してください。

SAMPLE CODE Task.tsx

```
import React, { useState } from "react";
import { ActionButton } from "./ActionButton";

export const Task: React.FC<{
    content: string;
```

154

```
    id: number;
    onDelete: (id: number) => void;
    onUpdate: (id: number, content: string) => void;
}> = ({ content, id, onDelete, onUpdate }) => {
    const [isEditing, setIsEditing] = useState(false);
    const [editingContent, setEditingContent] = useState(content);

    const handleChangeContent = (e: any) => {
        setEditingContent(e.target.value);
    };

    const handleClickCancel = () => {
        setEditingContent(content);
        setIsEditing(false);
    };

    const handleClickUpdate = () => {
        onUpdate(id, editingContent);
        setIsEditing(false);
    };

    const handleClickEdit = () => {
        setIsEditing(true);
    };

    const handleClickDelete = () => {
        onDelete(id);
    };

    return (
        <div className={"task_wrapper"}>
            {/* ④isEditingを基準に表示するボタンを切り替え */}
            {isEditing ? (
                // ⑥編集中に表示
                <>
                    <ActionButton
                        actionType={"positive"}
                        text={"保存"}
                        onClick={handleClickUpdate}
                    />
                    <ActionButton
                        actionType={"negative"}
```

```
                            text={"キャンセル"}
                            onClick={handleClickCancel}
                        />
                    </>
                ) : (
                    // ⑤デフォルトで表示
                    <>
                        <ActionButton
                            actionType={"positive"}
                            text={"編集"}
                            onClick={handleClickEdit}
                        />
                        <ActionButton
                            actionType={"negative"}
                            text={"削除"}
                            onClick={handleClickDelete}
                        />
                    </>
                )}
                {/* ①isEditingがtrue場合にのみinputを表示 */}
                {isEditing ? (
                    <input
                        className={"task_input"}
                        // ②editingContentをvalueに設定
                        value={editingContent}
                        // ③入力欄に変更があった場合にステートの更新
                        onChange={handleChangeContent}
                    />
                ) : (
                    <p className={"task_p"}>{content}</p>
                )}
            </div>
        );
    };
```

　まずは①を見ていきます。編集中か否かを表すステートである `isEditing`
を基準に表示を分岐させており、`isEditing` が `true` の場合は `<input>` を、
`false` の場合は `<p>` を表示します。`isEditing` の初期値が `false` なので、
デフォルトでは `<p>` でタスク内容が表示されます。

②では `<input>` に表示する文字を `editingContent` にしています。 `<input>` 内に文字が入力されると③で `onChange` に設定している `handleChangeContent` が呼ばれ、`editingContent` ステートが更新されます。そしてステート更新後の `editingContent` は②でUIに反映されます。

次に④を見ていきます。ここでは `isEditing` を基準に、異なる2つの `Action Button` が表示されます。 `isEditing` の初期値が `false` なので、デフォルトでは⑤の編集ボタンと削除ボタンが表示されます。

このとき削除用ボタンをクリックすると、Propsで渡された `onDelete` 処理が実行されます。編集用ボタンをクリックすると `setIsEditing(true)` が実行され、`isEditing` が `true` に更新されます。

④において `isEditing` が `true` の場合は、⑥の保存ボタンとキャンセルのボタンが表示されます。編集時に保存ボタンをクリックすると、`handleClickUpdate` が呼ばれ、Propsで渡された `onUpdate` が実行されます。このときの引数に `editingContent` を指定しているため、ユーザーが `<input>` で編集した文字列が渡ります。キャンセル用ボタンをクリックした場合は編集内容が破棄され、`isEditing` が `false` に戻ります。

🧊 タスク一覧コンポーネント

次にタスク一覧を表示するためのコンポーネントを作っていきます。 `chapter5/section29/empty/src/component` に `TaskList.tsx` というファイルを作成し、次のようなコンポーネントを作成してください。

SAMPLE CODE TaskList.tsx

```
import React from "react";
import { Task } from "./Task";


export const TaskList: React.FC<{
  tasks: { id: number; content: string }[];
  onDelete: (id: number) => void;
  onUpdate: (id: number, content: string) => void;
}> = ({ tasks, onDelete, onUpdate }) => {
  return (
    <div>
      {tasks.map((task) => {
        return (
          <Task
```

▼

157

```
                    key={task.id}
                    id={task.id}
                    content={task.content}
                    onUpdate={onUpdate}
                    onDelete={onDelete}
                  />
                );
              })}
          </div>
        );
      };
```

タスク一覧コンポーネントはPropsとして、`id` と `content` を含むオブジェクトの配列である `tasks` を受け取ります。コンポーネント内でPropsから受け取った `tasks` を `map` で回し、その中でTaskコンポーネントを呼び出すことでタスク一覧を表現します。

● 全体構成コンポーネント

ここからはタスク一覧コンポーネントとタスク追加コンポーネントをまとめる全体構成コンポーネントを作ります。 `chapter5/section29/empty/src/component` に `App.tsx` というファイルを作成し、次のようなコンポーネントを作成してください。

SAMPLE CODE App.tsx

```
import React, { useEffect, useState } from "react";
import { TaskList } from "./TaskList";
import { TaskForm } from "./TaskForm";

// ⑥Task型
interface Task {
    id: number;
    content: string;
}

const END_POINT = "http://localhost:3002/todo_tasks";

const App = () => {
    // ⑤ステートの型としてTask型の配列を指定
    const [tasks, setTasks] = useState<Task[]>([]);
```

```
// ⑨初期データの取得
useEffect(() => {
    const fetchTasks = async () => {
        const res = await fetch(END_POINT, {
            method: "GET",
        });

        const { todo_tasks } = await res.json();
        setTasks(todo_tasks);
    };

    fetchTasks();
}, []);

// ⑧APIに保存リクエストを投げ、完了後にステートを更新
const onSave = async (content: string) => {
    const res = await fetch(END_POINT, {
        method: "POST",
        headers: {
            "Content-Type": "application/json",
        },
        body: JSON.stringify({ content }),
    });
    const { todo_task } = await res.json();
    const newTasks = tasks.concat([todo_task]);
    setTasks(newTasks);
};

const onDelete = async (id: number) => {
    await fetch(`${END_POINT}/${id}`, {
        method: "DELETE",
    });
    const filteredTasks = tasks.filter((task) => task.id !== id);
    setTasks(filteredTasks);
};

const onUpdate = async (id: number, content: string) => {
    const res = await fetch(`${END_POINT}/${id}`, {
        method: "PATCH",
        headers: {
            "Content-Type": "application/json",
```

```
        },
        body: JSON.stringify({ content }),
    });

    const { todo_task } = await res.json();

    const newTasks = tasks.map((task) =>
        task.id === id ?
            { id: todo_task.id, content: todo_task.content } : task
    );
    setTasks(newTasks);
};

    return (
        <div className={"app_wrapper"}>
            <h3>{"タスクを追加"}</h3>
            {/* ⑦保存処理を設定 */}
            <TaskForm onSave={onSave} />
            <h3>{`残タスク数: ${tasks.length}`}</h3>
            {/* ④タスク一覧の情報と、削除処理、編集処理を設定 */}
            <TaskList tasks={tasks} onDelete={onDelete} onUpdate={onUpdate}
/>
        </div>
    );
};

export default App;
```

　このコンポーネント内では先に作成した `TaskList` と `TaskForm` を呼び出し、propsの値を設定しています。

　④で `TaskList` に渡す `tasks` はこのコンポーネント内で管理しているタスク一覧のstateです。 `tasks` はオブジェクトの配列なので、⑤でuseStateに明示的に型を指定するようにしています。 `interface` を使うことで任意のオブジェクト型を定義できるため、⑥で事前にTask型を定義し、その型と配列を表す `[]` を組み合わせることでTask型の配列を表現します。

　`TaskForm` に渡す `onSave` の処理は⑧で定義しています。関数内でAPIを呼び、リクエストが完了した後にその値を `tasks` に追加しています。

⑧は今までの関数とは少し異なり無名関数の先頭に `async` が付いていたり、内部のfetch処理の前に `await` が付いています。これは非同期処理を同期的に実行するためのJavaScriptの作法で、`async` を設定した関数内の非同期処理の前に `await` を書くことで、非同期処理が完了するまで後続の処理を待たせることができます。

⑨のuseEffectでは初期データを取得しています。useEffectの第2引数に `[]` が設定されているため、`componentDidMount` と同じタイミングで1度だけ実行されます。

● DOMと紐付け

最後に今まで作成したReactコンポーネントをDOMに紐付けます。`chapter5/section29/empty/src/index.tsx)` を開き、コメントアウトされている箇所を外していきます。次のようになればOKです。

SAMPLE CODE index.tsx

```tsx
import React from "react";
import ReactDOM from "react-dom/client";
import "./index.css";
import App from "./component/App";

const root = ReactDOM.createRoot(
    document.getElementById("root") as HTMLElement
);
root.render(
    <React.StrictMode>
        <App />
    </React.StrictMode>
);
```

以上でTODOタスクアプリの実装は完了となります。

● APIの準備

TODOタスクアプリを動作させるために、TODOタスクの取得、追加、編集のためのAPIを準備します。すでにサンプルコードを用意してあるので、dockerを使って立ち上げていきます。

`chapter5/api` ディレクトリに移動し、次のコマンドを実行してください。

```
# build
$ docker-compose build

# DB用コンテナの立ち上げ
$ docker-compose up -d db

# DBのセットアップ
$ docker-compose run --rm app  bin/rails db:setup

# APIの立ち上げ
$ docker-compose up
```

ブラウザ上で `http://localhost:3002/todo_tasks` にアクセスし、次のような画面が表示されれば正常にAPIが動作しています。

●APIの動作確認

🔷 動作確認

`chapter5/section29/empty` に移動し、`yarn start` を実行するとローカルサーバーが起動し、ブラウザ上にTODOアプリが表示されます。

タスク追加コンポーネントで任意のタスクを追加すると、リストにタスクが追加されます。編集や削除の操作も期待通りに動くか確認してみてください。

●アプリの動作確認

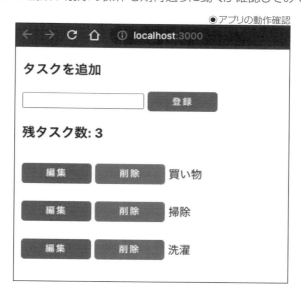

5
フロントエンド

テスト

前節で実装したコードに対してテストを書き、動作の担保をしていきましょう。

◈ テストの種類

次のようにフロントエンドのテストにはいくつか種類があります。

◆ 静的テスト

静的テストは、TypeScriptを使った静的型チェックや、ESLintなどの静的解析など、コードを実行する前に行うテストです。ESLintはタイポなどのバグになりそうなソースコードを検知したり、括弧やスペースなどのスタイルを統一するための静的解析ツールです。

◆ 単体テスト

単体テストは、Jestなどのテスティングフレームワーク使い、関数や単一のコンポーネントのテストを行います。開発した関数やコンポーネントの基本的な動きやエッジケースを把握するために有効です。

◆ 統合テスト

統合テストは、複数のコンポーネントを組み合わせて、期待通りの挙動をするか確認するテストです。Jestなどのテスティングフレームワークと、React Testing Libraryなどのライブラリを組み合わせるケースが多いです。

◆ E2Eテスト

E2Eテストは、ユーザーの操作をブラウザ上で確認するテストです。Puppeteerなどのツールを使ってブラウザ上の操作を自動で行う場合もありますし、人の手で行う場合もあります。

　Reactの開発をする上で、実際にテストケースを書く頻度が高いのは単体テストと統合テストだと思われます。単体テストや統合テストと比較して、E2Eテストは実際のブラウザ上で実行する特性上、テストの開発・実行コストが比較的高くなりがちです。

　一方、単体テストや統合テストは比較的開発・実行コストが低め、かつ、統合テストを厚くすることである程度のユースケースまでカバーできます。そのため今回は単体テストと統合テストにフォーカスします。

　以降は、JestとReact Testing Libraryの説明をし、その後、実際に単体テストと統合テストを書いていきます。

🔷 Jest

　JestはMetaが開発しているオープンソースのJavaScriptテストフレームワークです。簡単にテストを実行することを重要視しているため、基本的には細かい設定が不要な設計になっています。また、テストを複数のプロセスで並列実行するようになっているため、テストの結果を素早く得ることができます。

　たとえば、次のような渡された引数同士を加算する関数をテストしてみます。ファイル名を `sum.js` として次のコードを記述してください。

SAMPLE CODE sum.js

```js
export const sum = (a, b) => {
    return a + b;
}
```

　この関数をテストする場合、まずはテスト用のファイルを用意します。Jestのテストファイル名には `.test.` を付けることになっているため、`sum.test.js` といったファイル名にし、次のようなコードを書きます。

SAMPLE CODE sum.test.js

```js
import { sum } from './sum'

test('引数の合計を返すこと', () => {
    expect(sum(1,2)).toBe(3)
})
```

　`test()` の第1引数にはテストの内容がわかるようなテスト名を設定し、第2引数に実施したいテスト用の関数を設定します。

テスト用関数内の `expect()` では検証したい値を設定し、`toBe()` で期待する値を設定することで、`sum` 関数の戻り値をテストしています。`toBe()` はマッチャ関数と呼ばれ、`toBe` 以外にも配列や文字列のサイズを確認できる `toHaveLength` やオブジェクトのプロパティ有無を確認できる `toHaveProperty` など、さまざまなマッチャ関数が用意されています。

● React Testing Library

React Testing Library(RTL)はKent C. Doddsによって開発された、Reactコンポーネント用のテストライブラリです。RTLはそれ単体では機能せず、Jestと依存関係を持ちながら動作します。

RTLの特徴として、コンポーネントの詳細にあまり関心を抱かないことが挙げられます。コンポーネントの内部ではイベントハンドラの処理やuseEffectなどの処理が設定されていますが、RTLはそこにあまり関心を持たず、実際に生成されて更新されるHTMLに対して関心を持ちます。

そのため、RTLを使ったテストの書き方もHTMLの構造を前提にしたような書き方が多くなります。

たとえば、次のようなコンポーネントをテストするとします。`Title.js` として次のコードを記述します。

SAMPLE CODE Title.js

```
import React from 'react';
export const Title = ({title}) => {
    return <h1>{title}</h1>;
}
```

RTLのテストを作成する場合も、Jestと同様に `.test.` を含むファイルを作成します。今回の例では `Title.test.js` というファイル名にします。

ここでテストケースを書く前に少しRTLの仕組みをのぞいてみます。まず、次のようなコードを書きます。

```
import React from 'react'
import {render, screen} from '@testing-library/react'
import {Title} from './Test'

test('Titleコンポーネントをレンダリングすること', () => {
    render(<Title title="サンプル" />);
```

```
        screen.debug();                                                ▼
})
```

これを実行するとDOMの構成が出力されます。

```
    <body>
      <div>
        <h1>
          サンプル
        </h1>
      </div>
    </body>
```

これはRTLが `render` した結果です。RTLでは `screen` オブジェクトを経由してHTMLの要素を取得し、テストを行うようになっています。RTLが関心を持つのはReactコンポーネントの詳細ではなく、HTMLだと説明したのはこれが理由です。

RLTでコンポーネントのテストをする場合は、まず `screen.debug` でHTML構造を確認してからテストを書き始めるとやりやすいです。

では次にテストケースを書いてみます。

SAMPLE CODE Title.test.js

```
import React from 'react'
import {render, screen} from '@testing-library/react'
import {Title} from './Test'

test('Titleコンポーネントをレンダリングすること', () => {
    render(<Title title="サンプル" />);
    expect(screen.getByText('サンプル')).toBeInTheDocument();
})
```

`expect` の中の `screen.getByText` では、`render` によって生成されたHTMLの中から、指定したテキストを持つ要素を取得しています。今回は `"サンプル"` を指定することでTitleコンポーネントのh1要素を取得しようとしています。

マッチャの `toBeInTheDocument` はJestのマッチャを拡張したもので、`expect` 内で取得した値の中に要素が存在するかどうかを確認しています。今回は `'サンプル'` という文字列を持つ何らかの要素が取得できればテスト成功となります。

マッチャには `toBeInTheDocument` 以外にも指定したclass属性の有無を確認する `toHaveClass` や、checkboxやradioのチェック状態を確認する `toBeChecked` などのマッチャが用意されています。詳細については下記のURLを参照してください。

URL https://github.com/testing-library/jest-dom

単体テストの記述

それでは実際に単体テストを書いていきましょう。

今回はタスクコンポーネントをテストしてみます。 `chapter5/section29/empty/src/component` に `Task.test.tsx` を作成してください。

SAMPLE CODE Task.test.tsx

```tsx
import React from "react";
import { render, screen } from "@testing-library/react";
import { Task } from "./Task";

test("Task", () => {
    render(
        <Task
            content={"testContent"}
            id={1}
            onDelete={() => {}}
            onUpdate={() => {}}
        />
    );
    expect(screen.getByText("testContent")).toBeInTheDocument();
});
```

Taskは渡された `content` を画面上に描画する機能を持っているので、このテストでは `content` に設定した文字列が描画されているかを確認します。

ファイルが用意できたら実際にテストを実行してみます。 `chapter5/section29/empty` ディレクトリに移動し、次のコマンドを入力するとテストが実行され、結果が出力されます。 `1 passed` と出力されていれば成功です。

```
$ yarn test src/component/Task.test.tsx
yarn run v1.22.17
warning ../../../../package.json: No license field
$ react-scripts test src/component/Task.test.tsx
 PASS  src/component/Task.test.tsx
   ✓ Task (15 ms)


Test Suites: 1 passed, 1 total
Tests:       1 passed, 1 total
Snapshots:   0 total
Time:        0.51 s, estimated 1 s
Ran all test suites matching /src\/component\/Task.test.tsx/i.

Active Filters: filename /src/component/Task.test.tsx/
 › Press c to clear filters.
```

📦 統合テストの記述

次に統合テストを書いてみます。

TODOタスクアプリでタスクを追加したときの挙動をテストしてみましょう。

chapter5/section29/empty/src/component に App.test.tsx を作成してください。

SAMPLE CODE App.test.tsx

```
import React from "react";
import { render, screen } from "@testing-library/react";
import App from "./App";
import userEvent from "@testing-library/user-event";
import { rest } from "msw";
import { setupServer } from "msw/node";

// ①API呼び出しのモック化
const server = setupServer(
    rest.get("http://localhost:3001/todo_tasks", (req, res, ctx) => {
        return res(
            ctx.json({
                todo_tasks: [],
            })
        );
    }),
    rest.post("http://localhost:3001/todo_tasks", (req, res, ctx) => {
```

```
        return res(
            ctx.json({
                todo_task: { id: 3, content: "ガソリン給油" },
            })
        );
    })
);

// ②モック化したAPIのライフサイクル設定
beforeAll(() => server.listen());
afterAll(() => server.close());

test("add new task", async () => {
    // ③テスト内容
    render(<App />);

    const input = screen.getByRole("textbox");

    await userEvent.type(input, "ガソリン給油");
    userEvent.click(screen.getByRole("button"));
    expect(screen.queryByDisplayValue("ガソリン給油")).toBeNull();

    expect(await screen.findByText("ガソリン給油")).toBeInTheDocument();
});
```

　TODOタスクアプリではTODOタスクの取得、追加をする際にAPIを呼ぶ
仕様になっているので、①でTODOタスク一覧の取得と、TODOタスクの追
加のAPI呼び出しをモック化し、APIの戻り値を設定しています。

　モック化を簡単に実装するためにMSW（Mock Service Worker）という
ライブラリを利用していますが、ここでは細かい説明を省略しています。詳し
い説明については下記URLの公式ドキュメントを参照してください。

　 URL https://mswjs.io/

　次に②で、モック化したAPIのライフサイクルを設定しています。 before
All() に設定した関数は、ファイル内のテストが実行される前に実行されるた
め、ここで server.listen() を実行し、リクエストを傍受できる状態にします。
 afterAll() はファイル内の全テストが完了した後に関数を実行します。ここ
で server.close() を実行し、リクエストの傍受を終了します。

③以下にはテスト内容を記述しています。タスクを追加するためにはinput
要素に文字を入力する必要があるので、その動作を `userEvent.type` という
メソッドでモックします。

　文字の入力が完了したら、次にbutton要素をクリックしてタスクを追加しま
す。クリック動作は `userEvent.click(screen.getByRole("button"))` でモッ
クしています。button要素がクリックされた際、タスク追加コンポーネントは
input要素の文字をクリアするので、その挙動を `expect(screen.queryByDis
playValue("test1")).toBeNull();` で確認します。

　button要素がクリックされると、API通信とstate更新処理が実行されます。
stateが更新され、画面上に反映されていることを確認するために、`expect
(await screen.findByText("test1")).toBeInTheDocument()` を実行し、正常
にタスクが追加されたか確認します。

　テストの実装が完了したら実際にテストを実行してみましょう。 `chapter5/
section29/empty` ディレクトリに移動し、次のコマンドを実行してください。こ
ちらも単体テスト同様、`1 passed` が表示されていればテストは成功です。

```
$ yarn test src/component/App.test.js
yarn run v1.22.17
warning ../../../../package.json: No license field
$ react-scripts test src/component/App.test.tsx

(コンソールログ省略)

 PASS  src/component/App.test.tsx
  ✓ add new task (96 ms)

Test Suites: 1 passed, 1 total
Tests:       1 passed, 1 total
Snapshots:   0 total
Time:        0.72 s, estimated 1 s
Ran all test suites matching /src\/component\/App.test.tsx/i.

Active Filters: filename /src/component/App.test.tsx/
 › Press c to clear filters.
```

ページ生成のアーキテクチャ

フロントエンドにはさまざまなページ生成方法があるので本節で紹介します。それぞれ特性が異なるため、特性を理解して適材適所で利用することでユーザー体験を向上することが可能です。

● CSR

ほとんど空のHTMLを最初にダウンロードし、JavaScriptがブラウザ上でレンダリングを行うこの仕組みのことをCSR（Client Side Rendering）と呼びます。先述したSPAと同じことを意味するため、先ほどまで作ってきたサンプルアプリもCSR前提で作成しています。

CSRのメリットとしてユーザーの操作に対するインタラクションが高速なことがありますが、その一方で、初期描画が遅いというデメリットもあります。

ほとんどすべてのページの描画をJavaScriptで行うため、ファイルサイズが肥大化する傾向があり、ファイルのダウンロードやその実行に時間がかかってしまいます。また、SEO的にも不利に働くことがあります。JavaScriptで生成されるページが解釈できないクローラの場合、コンテンツが取得できません。

●CSR

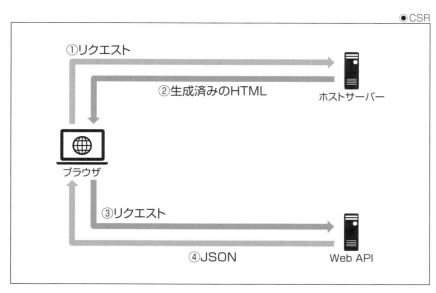

①リクエスト

②生成済みのHTML　　ホストサーバー

ブラウザ

③リクエスト

④JSON　　Web API

● SSR

　CSRのデメリットをカバーするために、SSR（Server Side Rendering）を使う傾向が生まれました。

　SSRは文字通りサーバー側でHTMLを生成する手法です。リクエストを受けたサーバーがAPI通信などを行い、その場でHTMLをビルドしてブラウザに返却します。ブラウザは渡されたHTMLを描画するだけでよいので、CSRと比べて描画速度が高速です。また、出来上がったHTMLが配信されるためクローラがコンテンツを取得可能になり、SEOの対策もできます。

　SSRはCSR誕生以前から使われている手法ですが、昔と異なる点としてサーバー側とクライアント側で同じ技術スタックを使えることが挙げられます。対応しているフレームワークを使えば、SSRの箇所とCSRの箇所を簡単に書き分けることが可能です。

● SSR

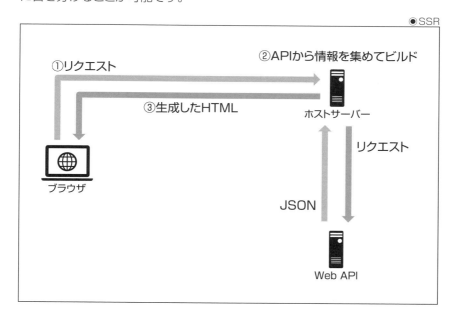

①リクエスト
②APIから情報を集めてビルド
③生成したHTML
ホストサーバー
リクエスト
ブラウザ
JSON
Web API

　しかし、SSRにもデメリットはあります。リクエストのたびにビルド処理を行ってHTMLを生成するため、レスポンスに時間がかかってしまいます。

◆ SG

SSRの課題の解決策として、SG（Static Generation）があります。SGはビルド時にHTMLを生成し、その後はそのHTMLを配信するだけというシンプルなものです。これならリクエストが来ても用意してあるHTMLを返すだけなので非常に高速です。さらに静的なHTMLなのでCDNへの配置も可能です。

ただし、SGはビルド時にAPI通信などを行ってデータ取得をするため、ビルド後のデータ変更に対応できません。データを更新するためには再度ビルドするしかないため、頻繁にデータが更新されるようなケースでは採用しにくい手法です。

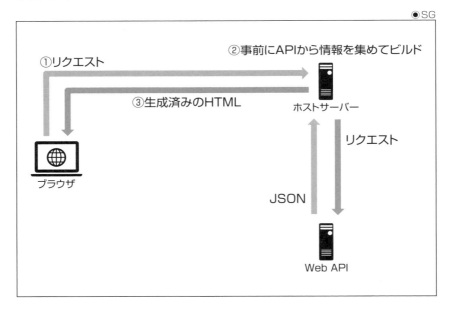

●SG

◆ ISR

「SGは画面描画が高速だがビルド後のデータ更新ができない」「SSRはデータ更新ができるけど遅い」という2つの欠点を補うことができる手法があります。ISR(Incremental Static Regeneration)です。

ISRはリクエストが来るたびにAPI通信処理などを行いHTMLをビルドしますが、その間にすでに生成済みの古いHTMLを返却します。リクエストに対して事前に用意してあるHTMLを返却するだけなので、レスポンスが高速ですし、その間に新しいHTMLをビルドするので、次のリクエストからは最新のデータを返却できます。

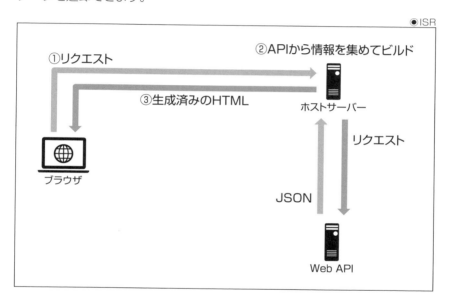

CSR、SSR、SG、ISRはそれぞれの特徴を活かして適材適所で使い分けることがよいとされています。情報の更新がほとんどないような静的なサイトを表示する際にはSGを選択するのがよいですし、反対に頻繁に情報が更新されるようなサイトではSSRやISRを利用するのがよいでしょう。

また、今回紹介したアーキテクチャはNext.jsやNuxtJSなどのフレームワークの標準機能として用意されているので、それらを使うと容易に実装できます。

5

フロントエンド

COLUMN
Webホスティングサービス

　Webサイトを公開するためには、自分でWebサーバーを構築したり、ドメインを用意したりする必要があった時代もありましたが、昨今はwebサイトを簡単にデプロイできるサービスがあります。

　有名なところだと、VercelやNetlify、GitHub pagesなどがあり、中でもVercelはReactベースのフレームワークであるNext.jsの運営元が提供していることもあり、Next.jsとの親和性がかなり高いです。

　たとえば、Next.jsではSSRのコードを記述できますが、実際に運用するためにはSSRの処理を実行するためにNode.jsを動かすサーバーを用意する必要があります。

　しかし、Vercelを使ってNext.jsで作ったWebサイトを配信すると、複雑な設定をせずにVercel側でSSRの処理を実行できます。また、VercelのCDNエッジ上でSSRの処理を実行するVercel Edge Functionsなどが登場し、より高速にSSRの結果をユーザーに提供できます。

　それ以外にも、GitHubと連携させることで自動デプロイができたり、PRの段階でプレビュー用のサイトを立ち上げてくれたり、フロントエンド開発の体験をより良いものにしてくれます。

　もちろんVercel以外のサービスもどれも便利なものばかりですので、これから新しくWebサイトを公開しようと考えていて、手軽に、高速にデプロイしたい方はWebホスティングサービスの利用を検討してみる価値はあるでしょう。

CHAPTER
06
インフラストラクチャ

⟫⟫⟫ 本章の概要

　Webサービスをインターネット上で公開するためにはインフラストラクチャの理解が不可欠です。インフラストラクチャとはネットワークやサーバー、ソフトウェアなどのさまざまなコンポーネントを組み合わせたシステムの基盤を指します。

　インフラストラクチャについては、それを専門にするエンジニアへ業務を任せておくことが一番望ましいのですが、Webエンジニアがそれを理解することは大きなメリットになります。

　たとえばWebサービスに問題が発生した場合にその要因がアプリケーションにあるのか、インフラストラクチャにあるのかを切り分けることができるようになりますし、新しい機能やサービスを開発する場合でのインフラストラクチャの専門エンジニアとの相談もスムーズになります。

　本章ではインフラストラクチャの基本的な概念を理解することに重点を置き、システムの基本的な構成要素や近年で注目を集めているクラウドサービス、仮想化技術などについて触れていきます。

システムの構成要素

インフラストラクチャとはアプリケーションを動かすためにさまざまなコンポーネントを組み合わせたシステムの基盤を指します。Webサービスのシステムを構成する要素は非常に多く存在しますが、本書では次の3つの枠に分けて解説します。

● インフラストラクチャとアプリケーション

アプリケーション	
ミドルウェア	Nginx / Apache / MySQL / PostgreSQL など
OS	Ubuntu / CentOS /WindowsServer など
ハードウェア	サーバーやネットワーク機器

ハードウェア

ハードウェアとはサーバーやネットワーク機器などの物理的なコンピュータ機器のことです。ハードウェアはシステムの構成要素の中で最も低いレイヤーにあります。

ハードウェアの構成や特性を理解することは、効率的にサーバーのリソースを活用するために役立ちます。たとえばCPUのコア数をベースに、プロセスをいくつ立ち上げるか、処理をどの程度まで並列実行させるかを調整したりできます。また、ハードウェアの特性を理解しなければ正しくアプリケーションを動作させることができない場合もあります。

近年ではARMアーキテクチャというモバイル端末に採用されている技術をパーソナルコンピュータやサーバーにも用いるケースが増えてきました。従来ではx86_64アーキテクチャを採用したサーバーが主流でしたが、省電力で高いパフォーマンスを発揮するARMアーキテクチャは注目を集めています。

しかし、x86_64アーキテクチャを採用したサーバーで正常に動作していたものが、ARMアーキテクチャのサーバーではうまく動作しないことも起こり得ます。そのような問題を対処できるようにするためにも、ハードウェアがどのような構成になっているか理解しておくとよいでしょう。

◆ x86_64アーキテクチャ

x86_64アーキテクチャはIntel社やAMD社によって設計されたアーキテクチャで、高性能なため据え置き型ゲーム機やパーソナルコンピュータにも使われています。

◆ ARMアーキテクチャ

ARMアーキテクチャはARM社によって設計されたアーキテクチャで、非常に省電力なことから携帯ゲーム機やスマートフォンなどに使われています。近年ではMacBookでこのアーキテクチャを採用したモデルが発売するなど、モバイルにとどまらない躍進をしています。

🔲 OS

OS(Operating System)はハードウェアの効率的な管理とソフトウェアに対する標準的な機能を提供するシステムソフトウェアです。
皆さんが普段使っているパーソナルコンピュータやスマートフォンでも何らかのOSが動いています。

Webサービスのインフラストラクチャでは、主にWindows Server、UNIX、LinuxなどのOSが採用されます。Webサービスを開発・運用するためには、OSごとの特色を理解し、どのOSを採用すべきか検討が必要です。

●OSの役割

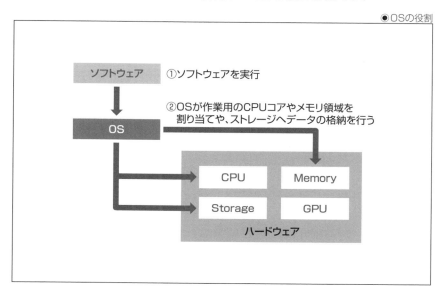

◆ Windows Server

Windows ServerはMicrosoft社が開発したOSで、パーソナルコンピュータ用のOSであるWindowsに類似した外観と操作感が特徴です。GUIに対応しているので直感的な操作で設定できます。

◆ UNIX

UNIXは最も歴史のあるOSで、サーバー用のOSとして広く使われてきました。UNIXを参考にして作られたOSのことをUNIX系OSと呼ぶこともあります。macOSもUNIXのOSです。

◆ Linux

LinuxはオープンソースのUNIX系OSです。非常に多くのディストリビューションが存在しており、サーバーだけでなくパーソナルコンピュータやスマートフォンなどにも使われています。

COLUMN
Linuxカーネルとディストリビューション

Linuxといえば、Red Hat Enterprise LinuxやDebian、Ubuntu、CentOSなど、さまざまな種類がありますが、これらは厳密にはLinuxディストリビューションと呼ばれるものです。そして、LinuxでのOSとしての機能を提供する根本的な部分のことをLinuxカーネルと呼びます。

Linuxディストリビューションは、Linuxカーネルとソフトウェア群をパッケージ化したものです。Linuxディストリビューションにはそれぞれ特徴がありますが、OSとしての根本的な機能を提供する部分は同じLinuxカーネルなので、Dockerを利用して異なるディストリビューションのコンテナを動作させることもできます。

ミドルウェア

ミドルウェアはアプリケーションが利用する機能を提供するソフトウェアです。OSが提供できる機能は汎用的なものなので、ユーザーとのやり取りやデータ管理、ファイル変換など複雑な処理には向きません。これらの複雑な処理を実現するために、用途に応じたミドルウェアをインストールして活用します。

たとえばミドルウェアの代表的なものとしてWebサーバーやデータベースがあります。Webサーバーは、ユーザーからの入力情報をアプリケーションへ受け渡したり、アプリケーションからの返答をユーザーへ表示するなどの機能を提供します。データベースは、アプリケーションから処理の指示を受けてデータの検索や更新など複雑なデータ処理を行います。

このようにミドルウェアの役割はアプリケーションとOSとの中間に立ち、アプリケーションが必要とする機能を提供する役割があります。ミドルウェアは特定の処理に特化しているものが多いため、必要な機能に応じたミドルウェアをインストールして活用することが一般的です。

● ミドルウェアの役割

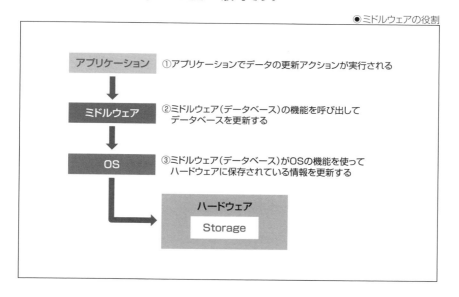

パブリッククラウドサービス

　Webサービスを立ち上げるためには、システムの構成要素が不可欠です。しかし、実際にシステムの構成要素を準備しようとすると、ハードウェア層の準備がネックになります。まずサーバー機器などのハードウェアを用意し、ネットワークを構築し、セキュリティに穴がないように適切な設定をしなければなりません。サーバーが壊れてしてしまう可能性も考えて、冗長化するための仕組みや、定期的なバックアップを実行する必要もあります。

　これらのハードウェア層に関する運用はリスクが高く、後からサーバーの台数やスペックを変更したい場合に対応が難しいなど柔軟性に欠けてしまいます。

◉物理サーバーの問題点

- ・継続的なハードウェアの保守が必要
- ・増設には機材の購入・設置・初期設定の手間がかかる
- ・機材の故障に備える必要がある
- ・スケーラブルな調整ができない

　そこでサーバーやストレージ、ネットワーク回線などをインターネットを通じて提供するクラウドサービスとして、Infrastructure as a Service（IaaS）が登場しました。ハードウェアはIaaSの運営会社が管理しているため、サーバー機器の管理を自分たちで行う必要がありません。IaaSの利用者は必要とする分だけ仮想化されたサーバーを実行できます。

◉IaaSの特徴

- ・ハードウェアの保守が不要
- ・利用した分だけお金を払えば良い
- ・管理画面の操作だけでサーバーやネットワークの設定ができる
- ・バックアップサービスのサポートが受けられる
- ・必要なときに必要な数だけサーバーを立てられる

　ハードウェアだけでなく、アプリケーションの実行に必要なすべての要素を提供するクラウドサービスとして、Platform as a Service(PaaS)があります。PaaSではハードウェア、OS、ミドルウェアなどのプラットフォームがすでに用意されているため、エンジニアはアプリケーションの開発だけに注力できます。

　IaaSやPaaSのことをパブリッククラウドサービスと呼び、GoogleやMicrosoft、Amazonなどからサービスが提供されています。パブリッククラウドサービスにはそれぞれ特徴があるため、ユースケースに応じて選定しましょう。

🔷 主要なパブリッククラウドサービス

　よく使われているパブリッククラウドサービスとしては次のようなものがあります。

◆ Amazon Web Services

　Amazon Web Services(AWS)は世界で最も採用されているパブリッククラウドサービスで、用件に応じた200種類を超えるサービスを提供しています。

◆ Microsoft Azure

　Microsoft AzureはMicrosoft製品との親和性が高く、近年ではシェア率が大幅に伸びています。現在は世界で2番目に人気のパブリッククラウドサービスです。

◆ Google Cloud

Google社の提供しているパブリッククラウドサービスで、コンピューティングプラットフォームを提供するGoogle Cloud Platform(GCP)やグループウェアサービスであるGoogle Workspaceなど、さまざまなサービスを提供しています。Google Cloudで提供されているサービス同士は親和性の高いものが多いことが特徴です。

◆ Alibaba Cloud

　Alibaba Cloudは中国のアリババグループが提供しているパブリッククラウドサービスです。中国市場においては独占的な地位を獲得しており、IaaSのみを対象にしたシェア率調査では世界でも上位の採用率になっています。

◆ Oracle Cloud Infrastructure

　Oracle Cloud InfrastructureはOracle社の提供しているパブリッククラウドサービスです。Oracle社の製品と親和性の高いことが特徴です。一部のサービスではMicrosoft Azureと相互に接続も可能です。日本での事業展開が2019年と遅かったため、日本国内での採用率はまだ多くはありませんが、非常に低価格でサービスを提供しています。

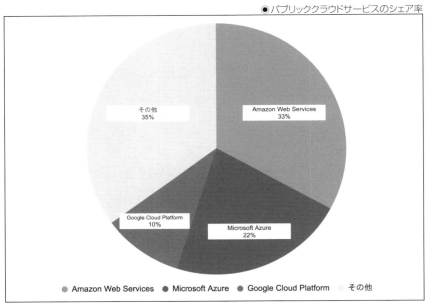

●パブリッククラウドサービスのシェア率

● Amazon Web Services　● Microsoft Azure　● Google Cloud Platform　その他

※出典：米Synergy Research Groupの調査記録（https://www.srgresearch.com/articles/huge-cloud-market-is-still-growing-at-34-per-year-amazon-microsoft-and-google-now-account-for-65-of-all-cloud-revenues）

SECTION-34

仮想化技術

　仮想化技術とはソフトウェアによって、ハードウェアの機能を再現する技術です。

　一般的にWebサービスのサーバーは常にCPUやメモリを100%消費し続けているケースはほとんどありません。それに近年ではCPUのコア数も増加し、メモリやストレージも大容量なものが一般化してきました。

　そこでサーバーの持つリソースを最大限に利用するため、仮想化技術が登場しました。仮想化技術を使うことで、1台のサーバーのリソースを複数の仮想的なサーバーへ分割し、無駄なく資源を活用できるようになったのです。

　先ほど紹介したパブリッククラウドサービスでも一般的には仮想化技術によって割り当てられたサーバーが提供されています。本節では仮想化技術としてよく使われるサーバー仮想化と、コンテナ仮想化について触れていきます。

🖥 サーバー仮想化

　サーバー仮想化は1台のサーバー上で複数のサーバーを再現する技術のことを呼びます。この再現されたサーバーを仮想サーバー（Virtual Server）と呼びます。

　1台の物理サーバーだけで複数の仮想サーバーを実行できるため、ハードウェアの保守・運用コストの削減ができますし、ハードウェアのリソースを効率的に扱うことができます。

◉物理サーバーと仮想化

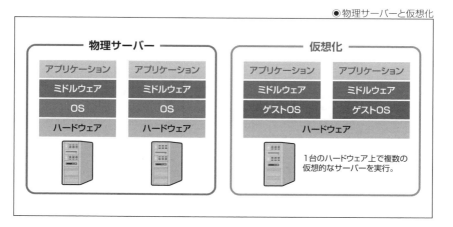

185

　また、本来であれば1台のサーバーには1つのOSしか実行できませんが、サーバー仮想化を使うことで、仮想サーバーごとに異なるOSを実行できます。

　すでにOSがインストールされているハードウェア上で、仮想化ソフトウェアを実行してゲストOSとして仮想環境を再現する方法を「ホスト型仮想化」と呼びます。この方法は手軽に実行できますが、ホストOSの上でさらに別のOSも稼働させる必要が出るため、オーバーヘッドが発生してしまいます。ローカル開発での動作確認のために、自身のパーソナルコンピュータ上で仮想環境を実行して動作の確認をするといった使い方にも利用できます。

●ホスト型仮想化

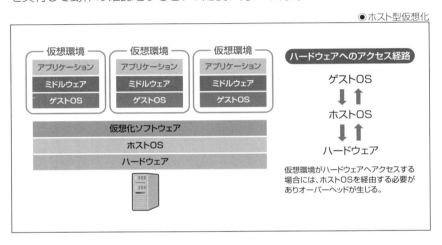

　よりオーバーヘッドの少ない仮想化技術として「ハイパーバイザ型仮想化」が存在します。パブリッククラウドサービスで提供される仮想マシンもこの技術が使われています。

　ハイパーバイザ型仮想化では、ハードウェア上で仮想化専用ソフトウェアであるハイパーバイザを実行して仮想環境を効率よく制御します。ホストOSがないため、ホスト型仮想化と比較してオーバーヘッドの少ないことが特徴です。

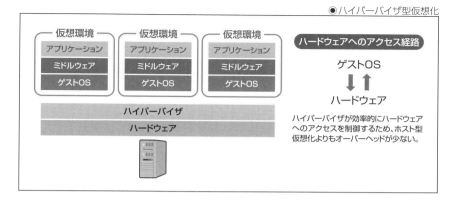
● ハイパーバイザ型仮想化

🔷 コンテナ仮想化

　コンテナ仮想化はサーバー仮想化とは異なりゲストOSと呼ばれるものを起動しません。1つのホストOSを論理的に分割し、それぞれの分割領域でミドルウェアやアプリケーションを動作させます。この論理的に分割した領域のことをコンテナと呼びます。

　コンテナ仮想化のソフトウェアで最もスタンダードなものは本書でも紹介している「Docker」です。近年話題となっているコンテナ仮想化は、基本的にDockerコンテナを指していると思っても差し支えないでしょう。

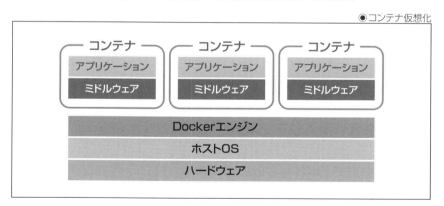
● コンテナ仮想化

　従来のサーバー仮想化では、それぞれの仮想サーバーにゲストOSをインストールする必要があるためストレージの容量もたくさん必要になります。さらに1つのハードウェア上で複数のゲストOSを実行することになると、負荷が大きくなってしまいます。

一方でコンテナ仮想化では、個々のコンテナ自体にはゲストOSがインストールされているわけではないため、必要なストレージの容量は少なくて済みます。1つのハードウェア上ではホストOSのみしか稼働しないため、負荷の小さいことが特徴です。サーバーのリソースを無駄なく活用できれば、インフラストラクチャにかかる費用も節約できます。

コンテナ仮想化は軽量かつ手軽に仮想環境を実行できるためミドルウェアやアプリケーションの管理も容易になります。たとえばパッチ適用によってアプリケーションの挙動が不安定になった場合には、そのコンテナを破棄して新しいコンテナを実行すればよいのです。

しかしながら、複数のゲストOSが導入できるサーバー仮想化とは異なり、コンテナ仮想化ではホストOSに依存しているため、OS依存によって動作しないミドルウェアやアプリケーションが出てしまいます。その場合は必要なOSごとにハードウェアを用意するか、サーバー仮想化を利用することになります。

現在ではKubernetesやAmazon ECS（Amazon Elastic Container Service）などのコンテナオーケストレーションが登場していることから、コンテナ仮想化によるアプリケーション運用の敷居も下がっており、すでに私たちを支える多くのサービスで活用されています。

負荷対策

皆さんはサーバーの負荷対策を課題として挙げられたときにどのような手段が思いつくでしょうか。もちろん負荷の対策としてアプリケーションコードを見直してロジックを最適化させることも手段の1つです。

しかし、インフラストラクチャを構成する要素が十分なスペックを有していない場合では、ロジックの最適化による負荷軽減の効果に限界があります。また、ロジックの改善に時間を割くよりも、インフラストラクチャの増強による解決のほうが少ない工数で対策が済むことも少なくありません。

本節では、インフラストラクチャにおけるサーバーの負荷対策にスポットを当てて、手段や留意点について触れていきます。

🧊 サーバーの増強

サーバーの負荷対策として最も簡単な手法はサーバーの増強です。単純にサーバーのスペックが2倍になれば、処理のかかる時間もおおよそ半分程度になることが期待できます。このとき、サーバーのスペックを増やすことをスケールアップ（垂直スケーリング）と呼びます。

●スケールアップ

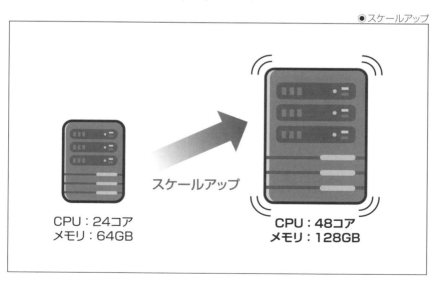

スケールアップ

CPU：24コア
メモリ：64GB

CPU：48コア
メモリ：128GB

　しかし、物理サーバーでは機材を入れ替える必要があるため簡単に実施できません。パブリッククラウドサービスを利用している場合でも一時的にスケールアップ対象のサーバーを停止させるか、新しく用意したスペックの高いサーバーとの入れ替えを行わなければなりません。

　より簡単にインフラストラクチャのリソースを増強できる方法としてスケールアウト（水平スケーリング）があります。スケールアウトは新たに別のサーバーを増やすことでシステム全体としての性能を向上させる手法です。新しくサーバーを追加するため既存のシステムにダウンタイムも発生させることなく性能向上が期待できます。

●スケールアウト

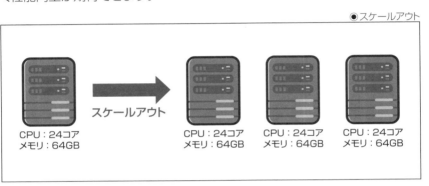

CPU：24コア
メモリ：64GB

スケールアウト

CPU：24コア
メモリ：64GB

CPU：24コア
メモリ：64GB

CPU：24コア
メモリ：64GB

　それぞれの特徴をまとめると次の通りです。

◆ スケールアップ

　スケールアップではサーバーのスペックを上げることで処理能力を強化します。物理サーバーでは機材の入れ替えが必要になり、一度増やしたスペックを戻すことが難しくなります。パブリッククラウドサービスを利用している場合ではスケールアップの手間が緩和されますが、頻繁にスペックを変更するような用途には向きません。定常的に必要となるスペックを満たしていない場合は特に効果的な手法です。

　逆にサーバーのスペックを下げることをスケールダウンと呼びます。

◆ スケールアウト

　スケールアウトではサーバーの台数を増やすことでシステム全体の処理能力を強化します。新たなサーバーを追加することになるので、すでに稼働している既存のシステムへの影響は少ないことが特徴です。

　サーバーを増やせば増やすほど性能の向上に期待ができますが、管理すべきサーバーが増えることになることには注意が必要です。また、きちんと負荷分散が実行できる環境で採用する必要があります。

　逆にサーバーの台数を減らすことをスケールインと呼びます。

● ロードバランサー

　先ほどサーバー増強の手段としてサーバーの台数を増やすスケールアウトを紹介しました。同じ役割を持つWebサービスのサーバーが複数存在する場合、それぞれのサーバーに均等に処理を分散させる必要があります。DNSの機能を使って1つのドメインに複数のサーバーを紐付けることも可能なのですが、この方法ではサーバーの負荷状況を考慮してくれません。

　そこで安定した負荷分散を行うためにロードバランサーを採用します。ロードバランサーは負荷分散のためのツールで、アクセスを複数のサーバーに分散して割り当てることができます。このとき、利用者と分散されたサーバーとのセッションを維持するように設定できます。

　ロードバランサーでは負荷分散だけでなくサーバーの死活監視も行うことができます。たとえば、ある1台のサーバーが正常に動作しなくなってしまった場合には、分散対象から自動的に除外してくれます。これにより、負荷分散だけでなくサービスの継続性も担保ができます。

　ロードバランサーを利用すれば、スケールアウトによってサーバーが増えた場合にも適切にトラフィックを分配できるのです。

●ロードバランサー

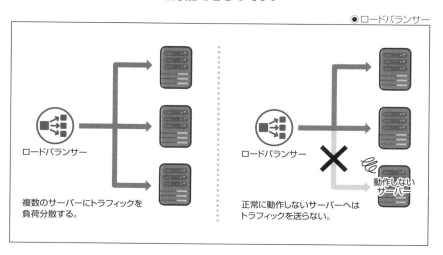

ロードバランサー

複数のサーバーにトラフィックを
負荷分散する。

ロードバランサー

動作しない
サーバー

正常に動作しないサーバーへは
トラフィックを送らない。

6
インフラストラクチャ

● CDN

　サーバーの増強と分散以外の方法で手軽に実装できる負荷対策としてCDN（Content Delivery Network）もおすすめです。

　CDNとはWebコンテンツを配信するための最適化されたネットワーク網のことを指します。近年ではCDNサービスとしてAkamaiやCloudflare、Fastly、CloudFrontなど多くのサービスが登場しています。

　CDNではWebサービスを利用するユーザーとWebサーバーの間に、地理的に分散されたサーバー群（エッジサーバー）を中継します。ユーザーは地理的に最も近いエッジサーバーへアクセスすることになります。

　このエッジサーバーではWebページや音楽、画像、映像などの静的ファイルをキャッシングできます。ユーザーは地理的に最も近いエッジサーバーに保存されたキャッシュからコンテンツを取得できるので、コンテンツの読み込みも高速です。

　エッジサーバーが適切なキャッシュを持っている場合には、管理しているWebサーバーまでユーザーのトラフィックを送信する必要がなくなるので、Webサーバーの負担を減らすことができます。

　しかし、エッジサーバーが行えることは静的なコンテンツのキャッシングなので、データベースの更新などバックエンドアプリケーションの機能が必要な場合には、Webサーバーにそのままトラフィックを送信して処理をしてもらうことになります。

　CDNサービス自体がダウンしてしまう場合にWebサービスを提供できなくなってしまったり、キャッシュの影響で古いWebコンテンツが配信され続けてしまう場合があるなど気を付けるべきポイントもいくつかあります。しかし、CDNを導入することでセキュリティも強固になりWebサービスの高速化や負荷の軽減につながるため導入のメリットが大きいサービスといえるでしょう。

●CDN

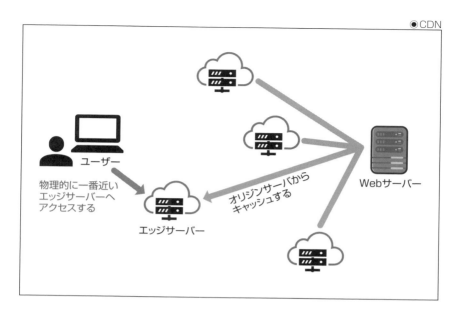

ユーザー

物理的に一番近い
エッジサーバーへ
アクセスする

エッジサーバー

オリジンサーバから
キャッシュする

Webサーバー

インフラストラクチャの構成例

　これまでWebサービスを公開するために活用されているインフラストラクチャの技術について触れてきました。本節では実際にWebサービスを公開するためのインフラストラクチャの構成例から、パブリッククラウドサービスを用いるメリットやコンテナ仮想化の活用について見ていきます。

◉インフラストラクチャの構成例

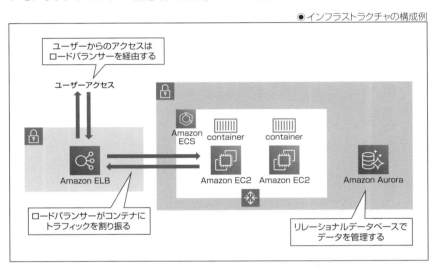

構成例の解説

　上記の図ではパブリッククラウドサービスのAWSでインフラストラクチャを構築しています。Webサービスのアプリケーションはコンテナ仮想化によって運用されており、Amazon ECSというコンテナオーケストレーションサービスによってコンテナが管理されています。コンテナはAmazon EC2という仮想マシン（Virtual Machine）上で実行されています。

　Webサービスのアプリケーションが顧客情報などを保存するためのデータベースとして、Amazon Auroraを採用しています。コンテナ内で実行されているアプリケーションは必要に応じてこのデータベースにアクセスします。

　この構成ではAmazon ELBというサービスのアプリケーションロードバランサーが使われています。ロードバランサーはリクエストを分散してサーバーへの負荷を抑制する働きがあります。

　ユーザーがブラウザからWebサービスへアクセスすると、ロードバランサーを経由してAmazon ECSで管理されているコンテナにリクエストが送られます。このコンテナ内にはアプリケーションやミドルウェアが含まれており、リクエストに応じた処理の結果を返却します。

🔹 パブリッククラウドサービスのメリット

　パブリッククラウドサービスを採用したインフラストラクチャのメリットはハードウェア管理からの解放だけではありません。さまざまなサービスが提供されているパブリッククラウドサービスではWebサービスの発展に合わせた拡張が可能です。ここではAWSのサービスを例にとって拡張性について述べていきます。

　もし運用しているWebサービスの人気が高くなった場合には、サーバーの台数を増やすかスペックを上げる必要があります。サーバーの台数を増やす対応だけであればオンプレミスな環境でも同じ対応ができます。しかしパブリッククラウドサービスを活用してインフラストラクチャを構築することで、アクセスの少ない深夜帯にはサーバーの台数を減らしてコストを節約するといったこともできます。

●パブリッククラウドサービスでのサーバー増減

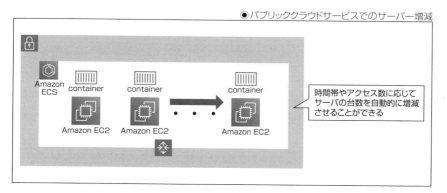

　運用しているWebサービスに改善点が見つかり、高速化のためにキャッシュサーバーを用意したい場合には、Amazon ElastiCacheというサービスを利用することで簡単にMemcachedやRedisサーバーを用意できます。

　Webコンテンツの配信を効率的に行うためにCDN（Content Delivery Network）を利用したい場合にはAmazon CloudFrontが利用できます。

● 構成変更の例

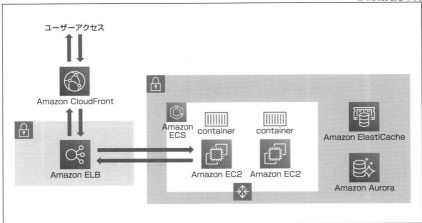

　このように、パブリッククラウドサービスを活用したインフラストラクチャを構築することで、必要に応じてサーバーの台数を調整したり、Webサービスの拡張を少ない工数で実現できます。

🔹 コンテナ仮想化の活用

　194ページの図の構成では仮想マシン上で直接アプリケーションを動作させずに、コンテナとしてアプリケーションを実行しています。この構成でコンテナを用いる利点として、移植性(portability)と伸縮自在性(elasticity)のメリットがあります。

　移植性とは異なる実行環境での動作しやすさを指します。実行環境を問わず稼働させることができるアプリケーションの状態を移植性が高いと表現します。

　システム開発において、ローカル開発環境、テスト環境、本番環境それぞれでアプリケーションの動作が保証されている必要がありますが、ローカル開発環境やテスト環境で正常に動作していたアプリケーションが、本番環境では意図しない振る舞いをしてしまうようなことが起こり得ます。これはテスト環境と本番環境のミドルウェアのバージョンが統一されていない場合など、構成に差異がある場合に起こり得ます。

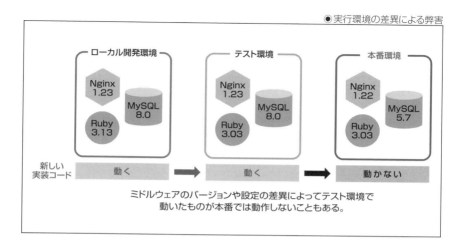

●実行環境の差異による弊害

一方で、コンテナ化されたアプリケーションは必要なミドルウェアやアプリケーションのソースコードをコンテナイメージとして固めているため、同じイメージから立ち上げたコンテナはすべて同じ構成が保証されています。コンテナを実行できる環境さえあれば、異なるサーバー環境であっても同じ動作を再現できるようになるわけです。

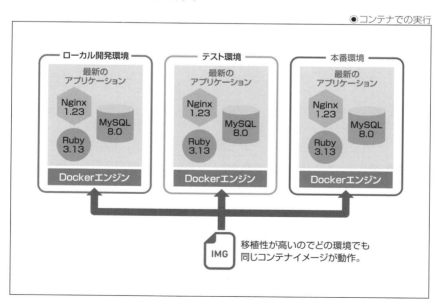

●コンテナでの実行

　伸縮自在性とは、需要に応じてインフラリソースを増やしたり減らしたりすることが簡単にできることです。パブリッククラウドサービスのメリットとして、需要に合わせたサーバーの台数の増減が容易になることを紹介しました。しかし、新しく追加するサーバーは既存のサーバーと同じ構成で、ミドルウェアやアプリケーションのバージョンも統一されていなければなりません。そこで先ほど紹介したコンテナの持つ移植性の高さが噛み合うわけです。

　新しく追加されたサーバーに、既存のサーバー上で動いているコンテナと同じイメージでコンテナを起動すれば、まったく同じ構成の環境が簡単に出来上がります。

●コンテナ運用でのサーバー追加

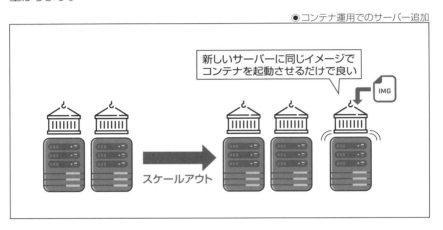

新しいサーバーに同じイメージで
コンテナを起動させるだけで良い

IMG

スケールアウト

　パブリッククラウドサービスにはコンテナイメージやコンテナそのものを管理するサービスを扱っているケースも多く、パブリッククラウドサービスの持つ伸縮自在性と相性がよいため、コンテナ仮想化は活用しやすいのです。

　当然ながらインフラストラクチャの構成は、Webサービスの開発用件やさまざまな条件によって変わってくることが一般的です。パブリッククラウドサービス上でコンテナ仮想化を使ったインフラストラクチャを構成することが必ずしも正解とは限りませんが、Webサービスの構成例として押さえておくとよいでしょう。

本章のまとめ

　本章ではインフラストラクチャの基本的な概念と関連する技術について説明しました。特にパブリッククラウドサービスや仮想化技術についてを中心に説明させていただきましたが、あえてパブリッククラウドサービスを採用せずにオンプレミスな環境を持つことに意味があるケースもあります。

　普段扱っているWebサービスのインフラストラクチャがどのような構成になっているのか調べてみて、なぜその技術が使われているのか理由を調べてみるのもよいかもしれません。

　インフラストラクチャがどのような構成になっているのか、何を採用しているのかを理解できるようになると効率的な実装ができるようになるかもしれません。

　本章ではインフラストラクチャの世界のごく一部しか紹介できていないので、ご自身で調べて知見を広げてみることをおすすめします。

6
インフラストラクチャ

CHAPTER

07

セキュリティ

本章の概要

　世の中にはアプリケーションの脆弱性を狙って不正利用しようと試みる人がいます。そのため、自分がターゲットになっていることに気付かず、脆弱性の穴をそのままにしておくと大きな被害につながる危険性があります。もしも企業が運営しているサービスでデータの改ざんや個人情報の流出が起こってしまったら、それがそのまま企業の信用問題になり、経営が傾くことさえあるため、いちエンジニアとしてセキュリティの意識を持つことは重要です。

　とはいえ、何を気を付けたらいいか自分だけではなかなか気付きにくいので、本章ではセキュリティへの意識の足がかりになるような、よく狙われる脆弱性をいくつかピックアップして解説していきます。

アプリケーションにおける
脆弱性の例とその手法

　アプリケーション上で狙われる脆弱性の代表的なものをピックアップして紹介します。紹介するもの以外にも狙われやすい脆弱性はあるため、より詳しく知りたい場合はIPAが公開している「安全なウェブサイトの作り方」などを一読することをおすすめします。

- ● 安全なウェブサイトの作り方
  - **URL** https://www.ipa.go.jp/security/vuln/websecurity.html

🔷 クロスサイトスクリプティング（XSS）

　外部からの入力で内容が変化するWebページのページ生成処理に問題がある場合に行われる攻撃がクロスサイトスクリプティング（XSS）です。問題があるWebページとは、たとえばユーザーが次のようなスクリプトを書いて掲示板に投稿し、誰かがその投稿を閲覧したタイミングでスクリプトがそのまま実行されてしまうページのことを指します。

```
<script>
  alert('cross site scripting!!')
</script>
```

　今回は `alert` 文を表示するだけでしたが、悪意のあるスクリプトを埋め込むことでCookie情報などを取得したり、ブラウザ上で勝手にリクエストを投げることでユーザーが意図しない操作ができます。

◉ クロスサイトスクリプティング

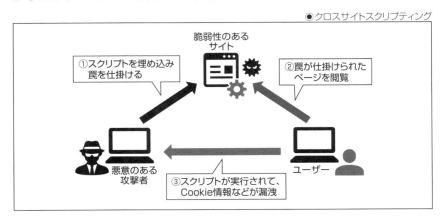

SECTION-38 ● アプリケーションにおける脆弱性の例とその手法

XSSの対策としては主に、`<` や `&` などの特殊文字を含めたものをすべてエスケープする手法があります。ブラウザが特殊文字だと認識しなければスクリプトが実行されることもありません。また、ユーザーが文字を投稿するタイミングで `<script>` などのタグを弾く制限を設定することも有効です。

● SQLインジェクション

SQLインジェクションは脆弱性の代表格であり、被害が大きくなりやすい特徴があります。

SQLインジェクションはその名の通り、攻撃者の実行したいSQLがそのままアプリケーション上で実行されてしまうものです。これをされてしまうと、DB操作は攻撃者の思うがままになり、データの改ざんや不正取得が可能になってしまいます。

脆弱性の大きな原因の1つは、ユーザーが入力したSQLを直接実行できるコードが存在することです。たとえば、次のようなコードは書くべきではありません。

```
# params[:id] = "1 OR 1 = 1"
User.delete_by("id = #{params[:id]}")
# DELETE FROM `users` WHERE (id = 1 OR 1 = 1)
```

ユーザーからの入力値である `params[:id]` に `"1 OR 1 = 1"` の文字列が渡されてしまった場合、そのままSQLに組み込まれ、すべてのUserを削除するSQLが実行されてしまいます。このようにリクエストから受け取った文字列を直接的、間接的にSQLに採用するようなコードを書くとSQLインジェクションされる脆弱性が生まれます。

SQLインジェクションの対策としては、リクエストなどの外部から受け取る動的な値をプレースホルダで設定することが有効です。プレースホルダはあらかじめ動的に値を設定する箇所を定義しておき、そこに代入された特殊文字をエスケープできる手法です。たとえば、Railsでは次のようにプレースホルダを書くことができます。

```
User.where("id = ?", 1)
# SELECT `users`.* FROM `users` WHERE (id = 1)
```

7
セキュリティ

先のDelete処理は次のように書き換えることができます。予期せぬ値が代入されても特殊文字はエスケープされるため、予期せぬデータが削除されることはりません。

```
# params[:id] = "1 OR 1 = 1"
User.delete_by("id = ?", params[:id])
# DELETE FROM `users` WHERE (id = '1 OR 1 = 1')
```

クロスサイトリクエストフォージェリ（CSRF）

サービスのログイン状態をCookieで管理をするアプリケーションは多くあります。クロスサイト・クエスト・ォージェリ（CSRF）は、Cookieを不正利用してユーザーがログイン中のサービスに対してユーザーが意図しないリクエストを送らせる攻撃です。

CSRFの主な流れとしては次の通りです。

まず攻撃者は罠を仕込んだwebページを作成します。そのページにはページを開いたりリンクをクリックしたりすると、脆弱性のあるサービスに対して勝手にリクエストを送信するような罠が仕込まれています。その後、脆弱性のあるサービスにログインしているユーザーをEメールなどの方法で罠サイトへ誘い込み、ユーザーが持つCookieなどの認証情報を利用して脆弱性のあるサービスへユーザーが意図しないリクエストを送信します。このときCSRFの対策をしていない脆弱なサービスは、そのリクエストをユーザー本人からのリクエストだと判断してしまい、リクエストが受理されてしまいます。

◉クロスサイトリクエストフォージェリ

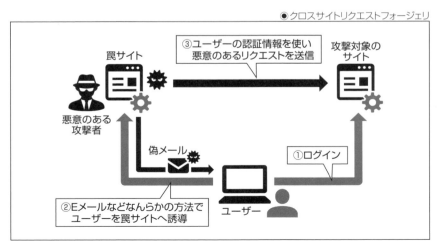

CSRFでは次のような被害を受ける可能性があります。

- ユーザー情報の全削除
- SNS上に、罠サイトに通じるリンクが載った投稿をされてしまう
- パスワードを変更され、アカウントが乗っ取られてしまう

　直接的な被害以外にも、サービス側は利用者本人によるリクエストだと認識しており、その実行記録もログに残るため、被害者である利用者自身が攻撃者だと誤認されるケースもあります。

　CSRFの対策の1つとして、重要なリクエストをするページのフォームに `hidden` フィールドを用意し、そこにサーバーが事前に生成したランダム値を埋め込む方法があります。サーバーはリクエスト内のランダム文字列と、事前に生成したランダム文字列を比較し、一致した場合のみリクエストを受け付けるようにすることで、第三者のWebページからのリクエストをフィルタリングできます。

🔹 言語依存のインジェクション

　言語仕様を理解しないまま実装を行うことで、脆弱性につながることもあります。

　たとえばRubyには `User.send('method_name')` のように、実行したい任意のメソッド名を文字列で渡す機能があります。このような機能をうまく扱うことができると便利なのですが、軽い気持ちで使うには巨大すぎる力です。

　もしも `User.send(params[:method_name])` というコードを書いてしまうと、リクエストで受け取った文字列をそのままメソッドとして呼び出すことができるようになってしまいます。 `send` は `User` のプライベートメソッドを呼び出すこともできてしまいますし、最悪の場合アプリケーションが終了します。

　どうしても使う必要がある場合は、リクエストなどの外部の入力に依存させないようにしたり、許可するメソッドを制限して事前にフィルタリングすることが大切です。

ライブラリアップデートの重要性

　昨今のアプリケーション開発では、すべてのコードを0から作り上げるのではなく、何らかのライブラリに依存することが多いと思われます。

　便利なライブラリを導入して開発効率を向上させることはよいのですが、依存先のライブラリに脆弱性が見つかる場合もあります。活動が活発なライブラリなら脆弱性の発見後にすぐにでもパッチリリースを出すことが予想されるため、新しいバージョンがリリースされたら特に理由がない限りはなるべく早くアップグレードすることをおすすめします。

　とはいったものの、日々の開発を進める中で依存先のライブラリが増えてしまい、すべてのライブラリのリリース情報を常に把握することが困難になることも多々あります。そのようなときは便利なツールに頼りましょう。

　たとえば、ライブラリのアップデート情報を通知してくれるDependabotというツールがあります。

　　URL https://docs.github.com/en/code-security/dependabot

　Dependabotは `Gemfile` や `package.json` といった依存ライブラリのマニフェストファイルを参照し、新しいバージョンのリリースがないか自動で確認します。

もしもリリースがあれば必要に応じて自動でPRを作成してくれますし、単にPRを出すだけではなく脆弱性に問題があった場合はその旨を記載してくれる便利な機能もあります。

　セキュリティ的な観点でもライブラリアップデートは重要なので、何らかのライブラリに依存するアプリケーション開発をする際にはDependabotのようなツールの導入をおすすめします。

機密情報の保存について

　よく狙われる脆弱性についてここまで解説してきましたが、どんなにセキュリティに気を付けても、最悪の事態が起こる可能性を0にはできません。

　あまり考えたくはありませんが、何らかの攻撃を受けてDB内のパスワードが流出してしまったときのことを想定してみましょう。もし、DB内で平文の `password` (こんなパスワードを使うべきではありませんが)という文字列が管理されていたら、パスワードが流出した瞬間に即時悪用されるでしょう。

　機密情報をDBに保存するときには暗号化やハッシュ化を行い、情報の機密性を向上させることが大切です。

🔷 暗号化

　暗号化はある規則に則ってデータを変換することを指し、復号できる特徴があります。住所やメールアドレスなど、複合してユーザーに閲覧させたいような情報によく利用されます。

🔷 ハッシュ化

　ハッシュ化も暗号化と同じように、ある規則に則ってデータを変換します。しかし暗号化とは異なり一度ハッシュ化したデータは復号できないため、文字列が一致することがわかればよい場合に利用されます。

　ハッシュ化には同じデータをハッシュ化したら必ず同じ結果になる冪等性の性質があるため、パスワードなどの秘匿情報の管理に使われます。たとえばパスワードで利用する場合、まず設定したパスワードをハッシュ化してDBに保存しておきます。ユーザーを認証する際にはユーザーからパスワードの文字列を受け取った後にハッシュ化し、その値とDB内に保存してある値を比較することでパスワードの正しさを検証できます。

　データをハッシュ化するためにはハッシュ関数というものを使います。ハッシュ関数にはいくつか種類がありmd5、sha1、sha2などがあります。たとえばmd5を使って、`password` という文字列をハッシュ化すると次のような文字列になります。

```
5f4dcc3b5aa765d61d8327deb882cf99
```

7

セキュリティ

　データに対して任意のハッシュ関数を当てればハッシュ化できますが、実は
どのハッシュ関数を使ったかがわかれば、元の文字列を推測されてしまう危険
性があります。元のデータをより推測しにくくするため、ハッシュ化する前に
文字列を追加で付与することがあり、この文字列のことをソルトと呼びます。

　しかし、ソルトを追加をしてもまだ推測される危険性が残るため、ここから
さらにストレッチングという処理を加えます。ストレッチングとは、ハッシュ化
を繰り返すことを指し、ストレッチングすることで元のパスワードがより推測し
にくくなります。

　コンピュータの性能は日に日に向上しており、総当たりで解読されるケース
があるため、ストレッチングは数千～最大でも1万回を超える程度、行われる
ことが多いです。

　最後に、あくまでハッシュ化は被害を最小限に抑えるための手法です。被害
を0にする力はないので、そもそも流出しないように対策することが最も重要
です。

インフラストラクチャにおける
セキュリティ強化の必要性

　インターネットに公開されたサービスは常に攻撃の標的に晒されています。セキュリティが不十分な状態でサービスをリリースしてしまうと、システムの脆弱性を突かれてサイバー攻撃に加担させられたり、顧客の情報を漏洩させてしまう恐れがあります。

　仮にこのような問題を起こしてしまうと、冒頭で述べた通り情報漏洩に対する補填やサービス停止による損失、社会的信頼性の低下につながってしまいます。

　そこで、インフラストラクチャにおける情報セキュリティを守るための手法と、システムの異常を検知するためのログやメトリクスの監視について次節以降で解説していきます。

インフラストラクチャの
セキュリティ

セキュリティ対策としてフロントエンドやバックエンドでソースコードに脆弱性を残さないことが重要です。しかし、攻撃がアプリケーションへ到達する前に遮断することができればより安全になります。

ここではインフラストラクチャで攻撃を未然に遮断し、サービスを守るための方法をいくつかを紹介します。

🔲 ネットワークの分離

Webサービスを攻撃者から守る最も単純かつ確実な方法はインターネットに公開しないことです。インターネットに公開しなければ、インターネットを通じてWebサービスにアクセスできないので、攻撃の標的にされる可能性は非常に少なくなります。

しかし、インターネット上で公開されなければWebサービスとは呼べません。そこで、Webサービスにアクセスするための窓口のみをインターネット上に公開し、バックエンドアプリケーションやデータベースはプライベートなネットワークで管理することで、外部からの通信経路を残しつつ不用意にサーバーを公開しないようにします。

◉ネットワークの分離

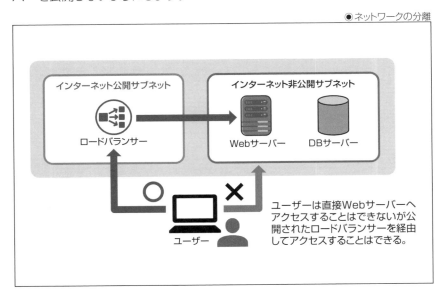

ユーザーは直接Webサーバーへアクセスすることはできないが公開されたロードバランサーを経由してアクセスすることはできる。

　前ページの図では、公開されたサブネット（パブリックサブネット）にロードバランサーを配置することでユーザーからのリクエストを受け取り、非公開なサブネット（プライベートサブネット）に配置されたWebサーバーへリクエストを送ります。

　これだけではSQLインジェクションやクロスサイトスクリプティング、ディレクトリトラバーザル攻撃など、悪意あるリクエストを送る攻撃には対処できませんが、Webサーバーやデータベースサーバーへ直接的に不正アクセスを試みるような攻撃を防ぐことができます。

ファイアウォールの活用

　ファイアウォール（Firewall）とは許可されていない通信を遮断するための仕組みです。攻撃を火災に見立てて、炎から延焼を食い止める防火壁にちなんで名付けられました。

　たとえばAPIの機能を特定のIPアドレスからのみ受け付けたい場合があります。この場合、ファイアウォールを使うことで特定のIPアドレス以外のリクエストを遮断できます。

　また、先ほどサーバーを不用意に公開しないことをおすすめしましたが、プライベートサブネットに設置しているサーバーも攻撃の対象になる可能性があります。これは攻撃者が同じネットワークに所属する別の公開サーバーを踏み台にした不正アクセスや、アプリケーションの脆弱性を利用した不正なアクセスが該当します。このような踏み台を経由した不正アクセスに対してもファイアウォールを設定することで未然に不正なリクエストを防ぐことができます。

　以上のことから特定のIPアドレスからのみリクエストを受け付けたいケースや、不正な侵入を対処したい場合にファイアウォールは有効です。ファイアウォールには次の3種類がありますが、少なくともパケットフィルタリング型ファイアウォールは導入すべきです。

パケットフィルタリング型

　パケットフィルタリング型はネットワーク層やトランスポート層で動作し、IPアドレスやポート番号などをベースとして事前に決められたルールへ基づいて通信を許可します。

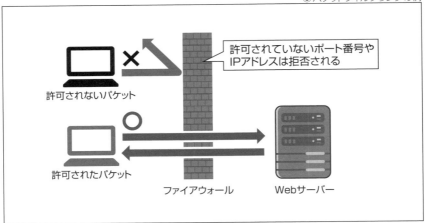

● パケットフィルタリングの例

許可されていないポート番号や
IPアドレスは拒否される

許可されないパケット

許可されたパケット

ファイアウォール

Webサーバー

◆ サーキットゲートウェイ型

サーキットゲートウェイ型はパケットフィルタリング型の機能に通信を許可するポートの指定や制御などの機能が追加されたファイアウォールで、パケットフィルタリング型よりも高度なセキュリティが実現できます。

◆ アプリケーションゲートウェイ型

アプリケーションゲートウェイ型はプロキシを経由して通信することで不正なリクエストや実行コマンドなどを遮断し、アプリケーション層でのフィルタリングを実現します。セキュリティレベルが大きく向上しますが、通信速度が他のファイアウォールと比較すると遅くなります。

🔷 Web Application Firewallの導入

セキュリティを強化するための方法としてWAF（Web Application Firewall）を導入することも有用です。WAFはその名前の通り広義的にはファイアウォールの一種で、アプリケーションゲートウェイ型ファイアウォールのような機能を有します。

ファイアウォールでは通信を監視してネットワークの不正アクセスを防ぐことに注力しますが、WAFではWebアプリケーションの前面に配置して、悪意ある攻撃がWebサーバーに到達する前に排除できます。

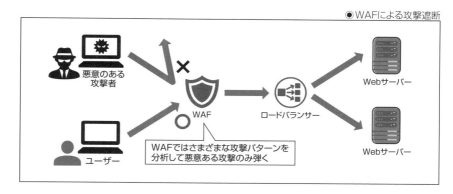

●WAFによる攻撃遮断

WAFではアプリケーションの脆弱性を狙うSQLインジェクションやクロスサイトスクリプティングなどの攻撃を防ぐことができます。さらにサーバーに負荷をかけるDoS攻撃や、対策の難しい分散型の攻撃であるDDoS攻撃をある程度、防ぐことも可能です。

前章では負荷対策にCDNが有力であるという説明しましたが、CDNとWAFを組み合わせることでセキュリティレベルを大きく向上させることができます。CDNのエッジサーバーにWAFが適用されることで、悪意ある攻撃をWebサーバーから離れた場所で遮断できますし、攻撃による負荷も心配する必要がありません。セキュリティレベルを向上させるために、CDNとWAFの採用を検討してみるとよいでしょう。

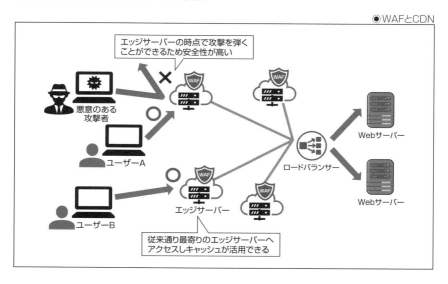

●WAFとCDN

🔹 暗号化

データの漏洩や改ざんを防ぐためには暗号化が役立ちます。インフラストラクチャでの暗号化には「通信の暗号化」と「ストレージの暗号化」が主に用いられます。

主に使われている暗号化技術としては、対となる「公開鍵」と「秘密鍵」による公開鍵暗号化方式と、「共通鍵」を用いた共通鍵暗号化方式があります。

暗号化されたデータは第三者にとって価値のない文字列のため、もし情報が流出してしまった場合の損害を抑えることができます。

◆ 公開鍵暗号化方式

公開鍵暗号化方式は対となる公開鍵と秘密鍵を用いた暗号化方式です。この鍵を使った通信の流れは次の通りです。

1 受信側が秘密鍵を使って公開鍵を作成する。
2 送信者は受信者から公開鍵を受け取る。
3 送信者は公開鍵を使って平文のデータを暗号化する。
4 暗号化されたデータを受信者へ送信する。
5 受信者は暗号化データを秘密鍵により複合化する。

◆ 共通鍵暗号化方式

共通鍵暗号化方式はデータの暗号化と複合化のどちらにも共通の鍵を使用する方法です。この鍵を使った通信の流れは次の通りです。

1 受信者が共通鍵を作成する。
2 送信者は受信者から共通鍵を受け取る。
3 送信者は共通鍵を使って平文のデータを暗号化する。
4 暗号化されたデータを受信者へ送信する。
5 受信者は暗号化データを共通鍵により複合化する。

●暗号化方式

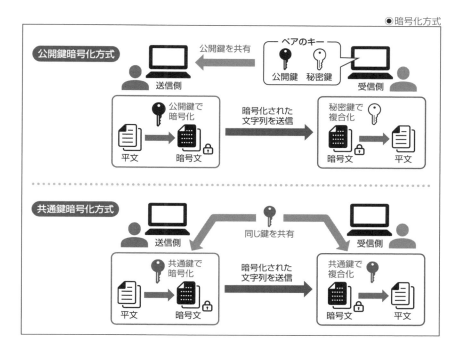

　私たちの生活の中で最も馴染み深い「通信の暗号化」はSSL/TLSプロトコルを利用した通信です。ブラウザのURL欄を見ると「http://」または「https://」からURLが始まっています。HTTP通信ではブラウザとサーバーとのデータの通信を平文（暗号化していないデータ）で行っています。一方でHTTPS通信の場合は暗号化通信が行われるため、中間サーバーから通信を読み取られてしまったとしてもWebサービスのパスワードなどの情報を守ることができます。このときの通信は公開鍵暗号化方式と共通鍵暗号化方式のどちらも行っています。

　207ページで触れたようにデータベースやファイルストレージに対して、暗号化したデータを保存することで機密性を向上させることができます。この暗号化したデータを書き込む流れは基本的にアプリケーション側での実装になります。

　一方で、本節で述べた「ストレージの暗号化」は、データを保存しているストレージそのものに対して暗号化を行うことで内部データを保護する手法です。

7

セキュリティ

　近年ではIaaSやパブリッククラウドサービスでは標準のオプションとなっていることが多いので、ストレージの暗号化が利用できる場合には有効化するとよいでしょう。

　インフラストラクチャでは「通信の暗号化」と「ストレージの暗号化」そして暗号化鍵の定期的なローテートを行うことでセキュリティレベルを高めることができます。

ログの監視

　ログを活用することで過去にさかのぼってユーザーの行動を追跡したり、アプリケーションの不具合やボトルネックを調査することができるようになります。また、攻撃の標的にされてしまった場合にもログを監視することで検知が可能ですし、万が一、サーバーへの侵入を許してしまった場合にはどのような被害にあったのか調査できます。

🔹 ログの種類

　ログには種類があり用途に応じて使い分けていくことが基本になります。いくつかログの例を紹介します。

◆ アクセスログ

　アクセスログには、Webサーバーによってユーザーがアクセスした時間やIPアドレス、URLやステータスコードなどの情報が記録されます。たとえば、ステータスコード5XX系が普段より多く記録されていれば、システムが不調であると予想できます。また、短期間に多量のステータスコード4XX系が出ていたり、不審なクエリパラメータがリクエストされていることが確認できれば攻撃の標的にされていることに気が付くことができます。

◆ アプリケーションログ

　アプリケーションログはアプリケーションが出力するさまざまなログを指しますが、ここでは「Webサービスのために独自に開発したアプリケーションのログ」と定義します。アプリケーションログには決まったフォーマットが存在しないため、アプリケーションの開発段階でどのような情報を出力するか設計しておく必要があります。ログの内容からユーザーの行動追跡や意図した通りに処理が行われたのかが判断できるようにするとよいでしょう。

◆ エラーログ

　エラーログは、その名の通りエラーが発生した場合に記録されるログです。私たちエンジニアはこのログから何が原因でどのようなエラーがいつ発生したのかを判断できなければなりません。独自に開発したアプリケーションでは不具合の原因を特定できるようにエラーログを設計しておく必要があります。

◆ システムログ

システムログとはサーバー自身の出来事についてOSが記録するログのことです。サーバー内で発生した重要なイベントが時系列ごとに記録されており、システムの起動した時間やカーネルメッセージ、サーバー内で誰がどのような操作をしたかわかるようになっています。ハードウェアの障害や常駐プロセスの動作記録など記録されるため、他のログから得られる情報だけでは気が付きにくい障害の原因や攻撃者の侵入を調査できます。

◆ 監査ログ

監査ログはその名の通り監査のためのログです。監査ログの情報から、正しい規定に準じたシステムや機器の運用が行われているかを評価できます。きちんと社内規定や業界規定に従った運用をしていたとしても、監査ログを記録していなければそれらを証明できません。そのためには、誰が、どのような操作を行ったかが時系列ごとに記録されている監査ログが必要になります。

監査ログはサーバー内の出来事だけではなく、パブリッククラウドサービスやSaaS上での操作など、運用に関わるすべてのシステムで取得されていることが望ましいです。

🔲 ログの管理

ここまでいくつかのログを紹介しました。しかし、これらのログデータをただ蓄積させているだけでは必要なときに必要な情報が引き出せない可能性もあります。ログを活用するためにはどこかへログを集約管理しログの内容を監視したり分析できるように準備する必要があります。

●ログの活用

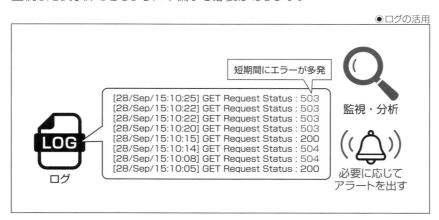

```
[28/Sep/15:10:25] GET Request Status : 503
[28/Sep/15:10:22] GET Request Status : 503
[28/Sep/15:10:22] GET Request Status : 503
[28/Sep/15:10:20] GET Request Status : 503
[28/Sep/15:10:15] GET Request Status : 200
[28/Sep/15:10:14] GET Request Status : 504
[28/Sep/15:10:08] GET Request Status : 504
[28/Sep/15:10:05] GET Request Status : 200
```

短期間にエラーが多発

ログ

監視・分析

必要に応じてアラートを出す

　ログを収集するためのOSSとしてはFluentdやLogstashなどがあります。これらは各サーバーにエージェントを実行することでリアルタイムにログを収集します。ここで集めたログは解析OSSであるElasticsearchやKibana、Grafanaなどで可視化・分析できます。パブリッククラウドサービスを利用している場合では、独自のログ管理サービスが利用できるため、それらを活用してもよいでしょう。ログ基盤を管理する手間を省くために、ログ管理システム系のSaaSに頼るのもよいかもしれません。

◉ログ収集と分析

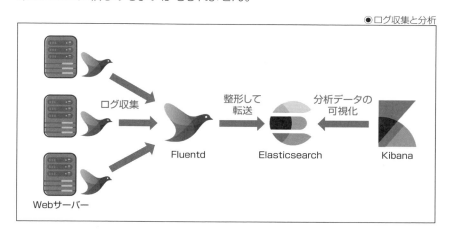

メトリクス

　メトリクス（metrics）とはさまざまなデータを定量化してわかりやすく加工した指標のことを指します。たとえば、サーバーのCPUやメモリの使用率をグラフ化すればサーバーのスペックが適切であるかどうか知ることができます。また、エラーログを解析して時系列ごとのエラー発生頻度をグラフ化すればどのタイミングでエラーが発生したのかわかりやすくなります。

　メトリクスを活用することで多角的な視野で分析・調査することが容易になります。ここでは調査の例として「顧客からWebサービスが正常に使えないことがあると問い合わせがあった」と想定してみましょう。

　まずは『エラー発生頻度のメトリクス』からエラーが多発した時間を知ることができます。次に『アクセス数のメトリクス』を見るとその時間帯には普段より多くのアクセスがありました。そして『CPU使用率のメトリクス』を確認するとCPUに高い負荷がかかっていたことがわかります。これらの情報を踏まえて、最後に『サーバーのログ』を調査すると処理が追いつかずに504タイムアウトエラーを返却していることが確認できます。

●メトリクスによる調査

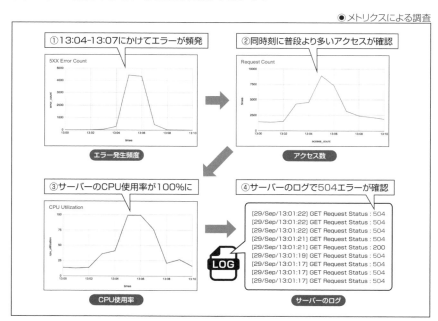

① 13:04-13:07にかけてエラーが頻発

エラー発生頻度

② 同時刻に普段より多いアクセスが確認

アクセス数

③ サーバーのCPU使用率が100%に

CPU使用率

④ サーバーのログで504エラーが確認

```
[29/Sep/13:01:22] GET Request Status : 504
[29/Sep/13:01:22] GET Request Status : 504
[29/Sep/13:01:22] GET Request Status : 504
[29/Sep/13:01:21] GET Request Status : 504
[29/Sep/13:01:21] GET Request Status : 200
[29/Sep/13:01:19] GET Request Status : 504
[29/Sep/13:01:17] GET Request Status : 504
[29/Sep/13:01:17] GET Request Status : 504
[29/Sep/13:01:17] GET Request Status : 504
```

サーバーのログ

このように複数のメトリクスを組み合わせて考えることで原因の調査を行うことができます。今回の例では、サーバーのスペックを増やすかタイムアウトまでの閾値を増やすことで対応できそうです。

もちろんメトリクスはエラー調査だけではなく、Webサービスの広告やキャンペーンによるユーザー流入数などの成果を可視化して見やすくする使い方もできますし、システムを改善した後のパフォーマンスを確認するためにも活用できます。

🔹 メトリクスの監視

先ほどメトリクスについて説明しましたが、CPUの使用率やエラーの発生頻度が問題ないか常に人の目で監視することは現実的ではありません。そこでメトリクス監視ツールを用いてシステムが正常であるかを監視を行うことが一般的です。

たとえば一定期間内のエラー件数が閾値を超えた場合にアラート通知を送信するような仕組みを用意すれば、システムの管理者はアラートが発せられたときにメトリクスを確認して原因調査をすればよいことになります。アラート設定は多くの場合メトリクスを生成する可視化ツールに機能の1つとして実装されていることが多いです。

パブリッククラウドサービスでは、AWSのCloudWatchやGCPのCloud Monitoringといったモニタリングのマネージドサービスが提供されています。データの収集、メトリクスの生成やアラートの発信までを簡単に管理できます。

●メトリクスの監視と通知

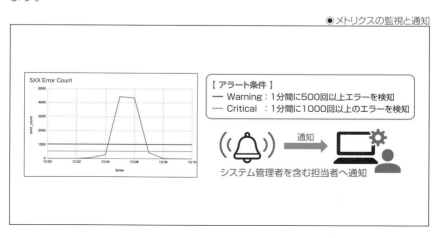

🔲 アラートからの自動復旧

　Webサービスを運営しているとサーバーに負荷がかかりCPU使用率の高い状態が続いてしまったり、必要なサービスのプロセスがダウンしてしまうなどの障害が発生することがあります。そういった状況を検知するためにアラートを設定するのですが、管理者が常にアラートに対応できる状態にあるとは限りません。そのため、警告や障害の内容を自動的に復旧するような仕組みを作ることが求められます。

　たとえば必要なサービスのプロセスがダウンしてしまった場合には、プロセスの再起動を命令することで解決できる場合があります。サーバーの負荷が高い場合には一時的にサーバーの数をスケールアウトできれば解決するかもしれません。

　これら自動復旧の仕組みはメトリクスの監視ツールにある機能を組み合わせることで実現できます。

●サーバーの自動追加

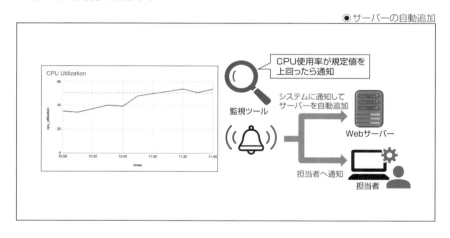

　CPUの負荷が高い場合にサーバーの台数を増やすことは合理的な解決手段です。そこで、CPU負荷が高いアラートが出たときに自動的にサーバーの台数を増やす仕組みを導入してみましょう。このような自動的にサーバーのサイズや台数を変更できる仕組みを自動スケーリング（Auto Scaling）と呼びます。自動スケーリングは多くのケースで負荷対策やサーバー台数の最適化に役立ちます。

　しかし、自動復旧の仕組みはあくまで一時的な対応手段であることを忘れてはいけません。アラートの根本的な原因を理解するためには人による調査が不可欠であり、根本的な原因を解決しない限り再発する可能性があります。そもそもアラートに対する自動復旧の手段が正しくない場合には、いつまで経っても改善されないことにも注意すべきでしょう。

　たとえば、アプリケーション側の誤った実装によってCPUリークが発生してしまうと、どうなるでしょうか。自動的に新しいサーバーを増やしたとしても、不具合によってすぐにCPUの使用率が上がってしまいます。するとアラートをトリガーにCPUの負荷を下げようとさらにサーバーを追加することになります。

　この例での負荷が高まる根本的な理由は実装時の不具合によるものですから、いくらサーバーの台数を増やしても解決しません。結果として、自動スケーリングで許可している最大数のサーバーが無意味に起動してしまうことになります。

　自動復旧の仕組みを導入する際には、管理者のいないタイミングで処理が実行される可能性があるためどこまで自動で対応するのかきちんと精査しましょう。

1
2
3
4
5
6

7
セキュリティ

本章のまとめ

　セキュリティ対策が不十分なまま悪意ある攻撃によってデータの改ざんや個人情報の流出を起こしてしまうと、情報漏洩に対する補填やサービス停止による損失、社会的信頼性の低下につながってしまいます。だからこそアプリケーションの実装では脆弱性を排除し、インフラストラクチャでは攻撃を受けにくい設計を構築すべきです。

　悪意ある攻撃の手法や脆弱性は日々発見されています。この節で取り上げた攻撃方法やセキュリティ強化の手法についてはほんの一部に過ぎません。

　大切なサービスを守るためにも日々セキュリティに対する情報収集を行い、セキュリティパッチの適用や脆弱性の排除に努めましょう。

索引

索引

■著者紹介

石橋 尚武
（いしばし ひさたけ）

株式会社オープンエイト 執行役員 兼 CTO

学生時代よりフリーランスエンジニアとして活動を開始し、在学中に制作会社THE CLIPを創業。制作会社を株式会社オープンエイトに売却し、株式会社オープンエイトのCTOに就任。学生時代はネットワークを専門とし、フリーランスのエンジニア・制作会社時代はとしてはフロントエンド、バックエンド、クラウドインフラなど幅広い領域を担当し、さまざまなWebアプリケーションの開発・リリース作業に携わってきている。

株式会社オープンエイトでは、CTOとしてプロダクト開発の全体統括を担っている。

田村 崚
（たむら りょう）

株式会社オープンエイト プロダクト開発本部

2019年に新卒としてオープンエイトに入社。入社当初はフロントエンドを担当し、React、TypeScriptをメインに扱ってきたが、担当領域を広げるためバックエンドも担当するようになりRuby on RailsやGoも扱うようになった。また、弊社プロダクトであるVideo BRAINの動画用レンダリングエンジンの開発も担当し、動画プレビューや動画書き出しの機能追加も行ってきた。

コロナ禍によるリモートワーク化に伴い地方に移住し、都会の喧騒から離れて過ごしながらスキューバダイビングや釣りなどの趣味に勤しんでいる。バンドのライブも好きなので、今年こそは久しく行けていない夏フェスに参戦したいと考えているエンジニア。

神山 拓哉
（かみやま たくや）

株式会社オープンエイト プロダクト開発本部 インフラ基盤グループ SRE

サイバーエージェントグループにて4年間働く。AWSに興味を持ち独学で資格を取得。その後はSREチームに所属することになり、AWSを中心にアカウント移管や新規サービスの要件定義、インフラ実装などの経験を積む。AWS、GCPで構成された30サービス以上のインフラをチームで管理する。

2021年12月から株式会社オープンエイトへ転職。転職までの準備期間で、当時まだ持っていなかったAWS認定資格とOCI認定資格を取得。最終的に所持しているAWS認定資格は11種となり、コンプリートにリーチをかけた。

株式会社オープンエイトでは、課題であったインフラ構成をコンテナ環境へ切り替えするタスクを担当し、主要なサーバの切り替えを遂行した。引き続きサービスの信頼性、コスト、セキュリティ面の向上に向けて活動している。

編集担当 ： 吉成明久 / カバーデザイン ： 秋田勘助（オフィス・エドモント）
写真：©Natalia Merzlyakova - stock.foto

●特典がいっぱいのWeb読者アンケートのお知らせ

　C&R研究所ではWeb読者アンケートを実施しています。アンケートに
お答えいただいた方の中から、抽選でステキなプレゼントが当たります。
詳しくは次のURLのトップページ左下のWeb読者アンケート専用バナー
をクリックし、アンケートページをご覧ください。

C&R研究所のホームページ **https://www.c-r.com/**
　携帯電話からのご応募は、右のQRコードをご利用ください。

改訂新版 Webエンジニアの教科書

2023年5月24日　　初版発行

著　　者	石橋尚武、田村崚、神山拓哉
発行者	池田武人
発行所	株式会社　シーアンドアール研究所
	新潟県新潟市北区西名目所4083-6（〒950-3122）
	電話　025-259-4293　　FAX　025-258-2801
印刷所	株式会社　ルナテック

ISBN978-4-86354-411-6 C3055
©Hisatake Ishibashi, Ryo Tamura, Takuya Kamiyama, 2023

Printed in Japan